广州化工交易中心有限公司　中国化工信息中心有限公司　北京化工大学　|　编著

中国石油和化工行业 绿色发展蓝皮书

（2021—2022）

BLUE BOOK ON GREEN DEVELOPMENT
IN CHINA'S PETROLEUM
AND CHEMICAL INDUSTRY
(2021-2022)

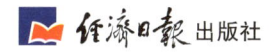

经济日报出版社

图书在版编目（CIP）数据

中国石油和化工行业绿色发展蓝皮书.2021-2022/广州化工交易中心有限公司，中国化工信息中心有限公司，北京化工大学编著.-- 北京：经济日报出版社，2022.10

ISBN 978-7-5196-1199-6

Ⅰ.①中… Ⅱ.①广…②中…③北… Ⅲ.①石油化工－无污染技术－研究报告－中国－ 2021-2022 Ⅳ.① TE65

中国版本图书馆 CIP 数据核字（2022）第 186420 号

中国石油和化工行业绿色发展蓝皮书（2021-2022）

作　　者：	广州化工交易中心有限公司、中国化工信息中心有限公司、北京化工大学
责任编辑：	陈　芬
助理编辑：	王孟一
责任校对：	孟　京
出版发行：	经济日报出版社
地　　址：	北京市西城区白纸坊东街 2 号 A 座综合楼 710（邮政编码：100054）
电　　话：	010-63567684（总编室）
	010-83538863（财经编辑部）
	010-63567689（企业与企业家史编辑部）
	010-63567683（经济与管理学术编辑部）
	010-63538621　63567692（发行部）
网　　址：	www.edpbook.com.cn
E - mail：	edpbook@126.com
经　　销：	全国新华书店
印　　刷：	北京虎彩文化传播有限公司
开　　本：	710mm × 1000 mm　1/16
印　　张：	14
字　　数：	180 千字
版　　次：	2022 年 10 月第 1 版
印　　次：	2022 年 10 月第 1 次印刷
书　　号：	ISBN 978-7-5196-1199-6
定　　价：	68.00 元

版权所有　盗版必究　印装有误　负责调换

《中国石油和化工行业绿色发展蓝皮书》
（2021-2022）

主撰写单位

广州化工交易中心有限公司
中国化工信息中心有限公司
北京化工大学

学术支撑单位

中国化信竞争情报研究院
中国石油化工循环经济研究院
全国化工节能（减排）中心
中国工程科技知识中心
北化中国工业碳中和研究院

《中国石油和化工行业绿色发展蓝皮书》
（2021-2022）

编委会主任

揭玉斌　雷涯邻　闫　利

主　编

刘　棠　吴　军　赵　君　肖甲宏　罗海燕

编委会成员（按英文字母顺序排列）

白　杨	陈文会	龚燚良	顾　方	江　勇	蒋招梧
李　宾	李东旭	李　莉	李淑波	李晓林	李志帅
刘玲娜	鲁　瑛	罗　艳	牛倩倩	屈一新	辛春林
张　华	张松臣	张译丹	仲　冰	周俊良	

前言

石化行业作为国民经济的重要支柱行业，行业关联度高，产品覆盖面广，对稳定经济增长、改善人民生活、保障国防安全具有重要作用。近年来，我国石油化工行业绿色发展取得积极成效，清洁油品、低毒低残留农药等绿色石化产品在行业中的比重持续提升，清洁、绿色生产工艺应用逐步扩大，石化行业基地和化工园区建设有序推进，但仍存在产能结构过剩、自主创新能力不强、行业布局不合理等问题。随着我国经济社会的不断演进，对于生态环保的要求逐步提高，"生态优先、绿色发展"逐渐成为提升我国制造业核心竞争力的关键要素，对石化行业的绿色发展提出了新要求，也带来了新的机遇和挑战。当前，全球石化行业进入深刻调整期，发达国家不断提高绿色壁垒，逐步限制高排放、高环境风险产品的生产和使用，对我国石化行业产品参与国际竞争提出了更大挑战。面对新形势和新情况，石化产业迫切需要加强科学规划、政策引领，

形成绿色发展方式，提升绿色发展水平，推动产业发展和生态环境保护协同共进，建设美丽中国，为人民创造良好生产生活环境。

《中国石油和化工行业绿色发展蓝皮书》（简称蓝皮书）是目前中国公开出版的唯一一部全面分析和阐述中国石化行业和企业绿色发展现状以及未来展望的蓝皮书，它由广州化工交易中心有限公司、中国化工信息中心有限公司和北京化工大学共同完成，按年度向全社会公开出版发行。《蓝皮书》包括五大部分：宏观环境篇、发展现状篇、绿色发展指数篇、案例篇和未来展望篇。宏观环境篇，主要分析国内外环境对全球和中国石化行业发展的影响，包括国际政治环境和国际经济环境对石化行业发展的影响、国内政治环境和国内经济环境对石化行业发展的影响；发展现状篇，主要阐述中国石化行业绿色发展现状及绿色发展面临的主要问题，从经济、产业链、政策、技术和实践成效五个维度分析石化行业绿色发展现状以及石化行业绿色发展存在的问题；绿色发展指数篇，旨在构建石化行业企业绿色发展指数模型，并从整体、绿色管理、绿色生产、绿色增长以及典型企业等方面分析石化行业企业绿色发展情况，针对石化行业企业绿色发展提供保障措施和建议；案例篇，从典型案例视角分析湾区绿色数字交易园、化工易和工控新材料投资（茂名）有限公司等石化企业的具体发展情况；未来展望篇，主要分析中国石化行业绿色发展面临的机遇和挑战，并提出石化行业绿色发展路径建议。

《蓝皮书》主要聚焦中国石化行业绿色发展的宏观环境、发展现状及趋势展望，为中国石化行业绿色发展提供一定参考。《蓝皮书》与一

前言

般意义上的以文字和数据图表为主的年鉴不同，是以年度现状和展望为基本特征的著作。《蓝皮书》以文字分析为主，数据图表为辅，文字描述力求言简意赅，宏观环境、现状分析和未来展望高度强调权威性、逻辑性和概括性，所获结论力求对石化行业绿色发展具有指导性。《蓝皮书》的相关作者主要来自广州化工交易中心有限公司、中国化工信息中心有限公司和北京化工大学等单位，作者团队长期致力于石化行业发展研究，具有一定的专业基础和水准。

揭玉斌、雷涯邻、闫利统领了蓝皮书架构设计并负责组织全书编撰；吴军、刘棠、赵君、肖甲宏、罗海燕负责蓝皮书的书稿统撰和审定工作。各个章节分工如下：宏观环境篇（赵君）；发展现状篇（赵君）；绿色发展指数篇（肖甲宏）；案例篇（罗海燕）；未来展望篇（赵君）。

衷心感谢博士研究生张君丽、纪禹行、李东芮、卫景雪、刘传望、王玉莹、孙晓军、董子钰、付婧锐、付峒蓉、曹子民，以及硕士研究生王一涵、刘志晓、刘静妍在本蓝皮书收集资料和编撰过程中提供的支持和帮助。

最后，衷心感谢各位专家和老师在本书编撰过程中给予的指导和帮助！

编委会
2022 年 9 月

目录 CONTENTS

宏观环境篇

一、国际政治环境对石化行业发展的影响 /003

003 | （一）2021—2022 年国际政治环境对全球石化行业发展的影响

008 | （二）2021—2022 年国际政治环境对中国石化行业发展的影响

二、国际经济环境对石化行业发展的影响 /015

015 | （一）2021—2022 年国际经济环境对全球石化行业发展的影响

022 | （二）2021—2022 年国际经济环境对中国石化行业发展的影响

三、国内政治经济环境对我国石化行业发展的影响 /028

028 | （一）2021—2022 年国内政治环境对中国石化行业发展的影响

033 | （二）2021—2022 年国内经济环境对中国石化行业发展的影响

发展现状篇

一、国内石化行业绿色发展现状 /041

041 | （一）国内石化行业绿色发展经济现状

042 | （二）国内石化行业绿色发展产业链现状

046 | （三）国内石化行业绿色发展政策现状

067 | （四）国内石化行业绿色发展技术现状

094 | （五）国内石化行业绿色发展实践成效

二、石化行业绿色发展面临的主要问题 /102

绿色发展指数篇

一、石化行业企业绿色发展指数的研究意义 /111

二、石化行业企业绿色发展指数模型介绍 /113

113 | （一）绿色发展评价模型

121 | （二）绿色发展指数测算

三、石化行业企业绿色发展指数分析 /137

137 | （一）绿色发展指数整体分析

139 | （二）绿色管理指数分析

141 | （三）绿色生产指数分析

144 | （四）绿色增长指数分析

146 | （五）典型企业绿色发展指数综合分析

四、石化行业企业绿色发展评价的保障措施与建议 /153

案例篇

一、湾区绿色数字交易园 /159

159 | （一）项目概况

160 | （二）园区建设背景

161 | （三）园区产业政策

163 | （四）整体产业布局

164 | （五）园区定位与目标

165 | （六）园区建设规划

166 | （七）园区功能定位

168 | （八）重点服务客户

170 | （九）园区相关配套

170 | （十）绿色产业服务

172 | （十一）园区运营效益

二、化工易："互联网＋绿色化工产业"助力化工贸易供应链 /174

174 | （一）相关背景

176 | （二）主要做法

182 | （三）亮点特色及成效

三、工控新材料投资（茂名）有限公司 /183
  183｜（一）企业简介
  184｜（二）成立背景
  185｜（三）绿色赋能

未来展望篇

一、我国石化行业绿色发展面临的机遇与挑战 /191
  192｜（一）我国石化行业绿色发展机遇分析
  196｜（二）我国石化行业绿色发展挑战分析

二、我国石化行业绿色发展路径建议 /201

宏观环境篇

中国石油和化工行业绿色发展蓝皮书 (2021-2022)
Blue Book on Green Development in China's Petroleum and Chemical Industry (2021-2022)

一、国际政治环境对石化行业发展的影响

（一）2021—2022年国际政治环境对全球石化行业发展的影响

1. 碳达峰碳中和目标加速全球石化行业转型

在全球新冠疫情和经济下滑的双重压力下，全球石化行业受到严重冲击。环境压力迫使全球各个国家在能源政策上做出调整，积极促进石化行业向清洁化、绿色化和数字化方向演进。咨询机构伍德麦肯兹预测，如果要将升温幅度控制在1.5℃，到2050年，需要有近44%来自电气化和效率提升的减排、33%来自原料变更和燃料转换的减排、23%来自碳捕捉和封存等除碳技术的减排。全球多国对此已经有所意识，减碳降温刻不容缓。同时，中国气象局气候变

化中心发布的《中国气候变化蓝皮书（2021）》，也做出类似判断，称气候系统的综合观测和多项关键指标表明，极端天气气候事件风险进一步加剧，全球变暖趋势仍在持续。此外，联合国最新发布的评估报告显示，即便在温室气体排放量大幅减少的最佳情况下，地球也可能在20年内升温1.5℃。

在此背景下，石化行业绿色转型迫在眉睫。2021年4月16日，国家高端智库中国石油集团经济技术研究院最新版年度《国内外油气行业发展报告》强调，世界主要经济体碳达峰碳中和目标的明确将深度引发油气供需两侧的结构性变革，油气行业正加速转型升级。未来五年，全球油气市场将进入变动期。欧洲经济委员会发布的报告强调，如果全球不希望碳中和目标落空，需要配合部署其他可持续低碳或零碳技术，以实现全球能源系统和能源密集型产业的脱碳。油气行业低碳发展对国际气候治理和全球2℃温升目标的实现具有重要的现实意义，特别是在发达经济体，国际油企低碳转型的步伐不断加快，纷纷承诺碳中和目标，并确定时间和路径。例如，英国石油公司（BP）提出要在2050年实现碳中和目标，主要行动计划包括加大可再生能源投入、调整传统石化业务和加大生物能源份额等。法国石油巨头道达尔表示要在2050年实现碳中和目标，具体行动包括发展风、光可再生能源，壮大生物燃料等。

2. 气候问题为全球天然气行业提供了发展机遇

碳达峰碳中和是现阶段各个国家的重大战略，旨在以能源体系转型推动经济社会高质量发展，促进能源体系由以化石能源为主向可再生能源为主转型发展。2021年国家高端智库中国石油集团经济技术研究院最新版年度《国内外油气行业发展报告》表明，未来五年，天然气仍将是需求增长最快的化石能源。在经历了2018—2019年强劲反弹和屡创新高的发展后，2020年全球天然气产业链遭遇新冠疫情和油价暴跌双重冲击，主要市场指标呈现"三降两缓一停滞"。天然气项目投资遇冷，全球天然气贸易受较大冲击。但年末受冷冬气温影响，主要市场需求明显回升。极端天气和突发事件为天然气市场带来的非传统供应安全风险和价格剧烈波动风险值得重点关注。2021年全球天然气市场出现强劲反弹。随着基本面的恢复，全球天然气市场景气度随之回升，需求侧和供应侧的竞争不断加大。在未来应对气候变化的环境下，天然气仍然是未来较长一段时间内增长最快的化石能源，与非化石能源一同成为能源消费增量的主体。

天然气是高热值、低碳排放的化石能源，单位热值碳排放仅为煤炭的60%左右。在双碳目标的约束下，天然气作为清洁一次化石能源，是全球各个国家减缓碳排放增长速度的重要工具。但全球天然气市场也存在不同问题。例如，欧洲天然气供应在2021年出现严重短缺，价格强劲上涨。除了经济复苏带来的需求增长因素和全球遭遇海运运能危机带来的成本大幅增加外，政治因素也部分影响了天然气供应。作为欧洲天然气最主要的供应国俄罗斯，因为与美国、欧盟、乌克兰的多角外交风波而面临困局，连通俄欧的"北溪二号"输气管未开通，直接导致2021年冬欧洲供气危机。欧洲本国天然气生产也受到环境政策影响。在非化石能源使用占比未大幅提升的前提下，天然气将在碳中和之路中发挥重要作用。全球天然气的定价机制具有一定的地域色彩，北美、欧洲采用完全市场化的定价方法，亚洲天然气进口价格与原油价格挂钩。未来随着全球天然气贸易的不断发展，天然气定价机制将会趋向于全球一体化。

3. 地缘政治引发全球石化行业原材料价格上涨

2021年全球油气资源储量和产量丰富的国家能源安全形势不容乐观，地缘政治不确定性的逐步加大引发了全球市场对于油气供给和价格的担忧，这种担忧在价格方面尤为凸显。2021年11月23日，美国白宫政府宣布将从国家战略石油储备中释放5000万桶原油，以缓解后疫情时代经济逐步复苏时的石油供需不平衡问题以及油价过高制约企业和居民正常生活的状况。在此基础上，更多的国家在美国的国际影响力下尽可能地释放国际石油储备，以解决石油供给不足的问题，但收效甚微。俄罗斯卫星通讯社12月27日报道，北约国家在为与俄罗斯进行大规模武装冲突做准备。此消息一出，国际原油价格大幅飙升，WTI原油涨幅超过了4%，冲到了76美元/桶的大关，且布伦特原油盘中一度触及79美元/桶。由于全球原油供需紧张，叠加俄乌地缘政治冲突影响，原油价格历史第三次突破100美元/桶。在原油价格带动下，化工品价格指数CCPI同步跟涨。俄罗斯为全球天然气生产和出口第一大国，俄乌地缘政治冲突升级致使欧盟国家对俄罗斯天然气出口进行制裁，致使天然气价格大涨。

2022年3月底,俄罗斯总统普京宣布天然气以卢布结算,不合作国家将面临天然气断供风险。若欧洲天然气断供,欧洲化工品短期供给或将严重受限,进而推升化工品价格。

4. 全球经济体政治博弈将影响国际油气供给格局

2021年全球经济体政治博弈在欧美俄地区最为凸显。目前,欧洲国家政治民粹化和气候政治化愈发严重,欧洲各个经济体能源转型最为激进,德国和法国积极发展可再生能源,放弃石油、煤炭和核能,导致欧洲地区能源消费大力依赖天然气。然而,欧洲国家天然气较为贫乏,大幅度依赖俄罗斯和挪威,其中,从俄罗斯进口的天然气占到欧洲能源消费总量的一半左右。然而,欧洲与俄罗斯之间微妙的外交关系使得两个地区天然气贸易受到限制。欧俄天然气供需矛盾导致价格急剧攀升。为了解决能源危机,德国总理默克尔推动与俄罗斯共同建设"北溪二号"天然气管道。但是,"北溪二号"遭到欧洲议会和美国的反对。因2014年克里米亚危机,欧美联合制裁俄罗斯,但俄罗斯反过来用天然气与欧洲谈条件。当时的美国总统特朗普就"北溪二号"项目对德国及欧洲相关企业、个人实施制裁。所以,欧洲的气候政治化导致能源危机,天然气又上升到国际政治问题,进而掣肘了欧洲的政治与外交。这也为欧洲2021年天然气供给短缺埋下了伏笔。

此外,欧美关系对欧洲的天然气战略也产生了重大影响。目前,欧洲走向了切断与俄罗斯经济和能源合作的道路,加剧了欧洲的天然气供应危机。尤其是在 2022 年俄乌冲突爆发后，随着俄欧关系急剧恶化，欧洲正面临有史以来最严重的天然气供应危机。全球天然气市场正在以惊人的速度重新洗牌，在 2022 年 3 月，欧盟与美国达成了大额天然气协议，欧盟将在 2022 年年底向美国购买至少 150 亿立方米的液化天然气，以替代从俄罗斯进口的能源。欧美联合声明，在 2027 年前帮助欧洲摆脱俄罗斯的能源依赖，到 2030 年前保证欧洲每年可以得到 500 亿立方米的液化石油气。欧洲还和澳大利亚以及卡塔尔签订了长期供应协议。在全球天然气储量最多的国家当中，卡塔尔排名仅次于俄罗斯和伊朗，该国还拥有完善的输气设施。2019 年，卡塔尔出口了近 1070 亿立方米的液化天然气，相当于整个德国的天然气需求量。由于俄罗斯供应欧盟约 40% 的天然气，欧盟的决定意味着欧洲将转向全球其他地区寻找天然气，海运过来的液化天然气（LNG）是主要替代俄气来源，美国、澳大利亚和卡塔尔或成向欧洲输送 LNG 的主力军。

（二）2021—2022 年国际政治环境对中国石化行业发展的影响

1. 低碳减排的大力倡导为中国石化企业发展带来挑战与机遇

低碳经济是针对 21 世纪以来不断出现的气候污染问题而提出的，它的宗旨就是降低经济发展过程中对生态系统碳循环的破坏，具体来说就是减少温室气体排放为目标，构建以低能耗、低污染为基础的经济发展模式。石化行业是碳元素排放的重要来源，低碳经济模式对石油行业的影响显著。从当前形势来看，低碳经济已经不仅是一个技术和经济发展模式方面的问题，更是一个政治问题。习近平总书记强调，中国将力争于2030年前实现碳达峰，2060年前实现碳中和。为实现这一目标，中国积极优化能源消费结构，降低对化石能源的高度依赖，提高非化石能源在能源消费总量的占比。此外，也将加快建设碳排放权交易市场，鼓励低碳技术创新改革，引导绿色低碳的生产生活方式。

由于石油石化行业碳排放压力较大，全国碳排放权交易市场给我国石化企业生产经营带来新的压力和机遇。一方面，石化行业纳入全国碳市场已有时间表，部分企业可能因配额不足而购买，进一步增加成本压力，在行业日趋严峻的竞争格局下，落后企业甚至会因此被淘汰。此外，碳价格将对石油石化企业日常生产经营产生深远影响。多数国内外机构预测我国碳价将逐步上涨，因此企业必须加大技改投资力度，提高经营管理水平，努力使其单位产品碳排放低于排放基准线，才能在未来的市场竞争中取得先机。同时，石油石化企业需在重大项目的投资决策、并购收购等过程中考虑碳成本因素，降低经营风险。另一方面，碳价将发挥市场导向作用，直接鼓励低碳能源消费和低碳技术创新，天然气、新能源、CCUS等低碳业务将迎来难得的发展机遇。同时，石油石化企业可以将外部压力转为内部动力，推动企业转型升级、提质增效。

2."碳中和"目标助力我国天然气和清洁能源行业发展

自 2020 年 9 月以来，习近平总书记在第七十五届联合国大会一般性辩论、气候雄心峰会、"达沃斯议程"、领导人气候峰会等国际国内重大会议上多次宣布或强调我国二氧化碳排放力争于 2030 年前达到峰值，努力争取 2060 年前实现碳中和。2021 年 9 月，中共中央、国务院发布《中共中央 国务院关于完整准确全面贯彻新发展理念做好碳达峰碳中和工作的意见》；2021 年 10 月，国务院印发《2030 年前碳达峰行动方案》，推进碳达峰碳中和目标任务实施。碳达峰碳中和目标已成为我国社会共识，不仅是负责任大国对国际社会的庄严承诺，更是推进我国经济高质量发展的国家战略，将推进经济社会广泛而深刻的系统性变革。能源领域是我国碳排放的主要来源，碳达峰碳中和目标要求着力提高能源利用效率，构建清洁低碳、安全高效的能源体系，将我国的发展建立在高效利用资源、严格保护生态环境、有效控制温室气体排放的基础上，推动我国绿色发展迈上新台阶。

同时，《2030 年前碳达峰行动方案》提出，要合理调控油气消费，加快推进页岩气、煤层气、致密油（气）等非常规油气资源规模化开发。有序引导天然气消费，优化天然气利用结构，优先保障民生用气，大力推动天然气与多种能源融合发展，因地制宜建设天然气调峰电站，合理引导工业用气和化工原料用气，支持车船使用液化天然气作为燃料，引导企业转变用能方式，鼓励以电力、天然气等替代煤炭等。此外，我国对清洁能源发展高度重视，投资额连续多年位居全球第一，水电、风电、光伏发电装机容量稳居全球首位。碳中和承诺，无疑将为清洁能源产业注入长期发展动力，并带来围绕清洁能源的各种新机遇。其中，中国太阳能产业规模位居世界第一，中国是太阳能热水器生产和应用大国，也是重要的太阳能光伏电池生产国。太阳能光伏电池包括晶体硅电池和薄膜电池两类，晶体硅电池占据绝大部分市场份额，占比超过90%。中国光伏发电产业链条较为成熟，全球市场地位突出，2019年中国硅料、硅片、电池和组件产量分别达到34.3万吨、135GW、110GW和100GW，全球占比分别达到66.9%、97.8%、82.7%和76.9%。同时，中国风电连续多年新增装机居全球首位，成为全球第一风电大国。风电超越核电，成为仅次于火电、水电的中国第三大主力电源。中国已成为全球最大的风电零部件制造供应链基地。就国内来看，中国风电起步于"三北"地区，经历"建设大基地、融入大电网"的快速发展。目前，陆上风电受限于风资源和电力需求区域错配的问题，"三北"等风电资源区存在一定的消纳问题和弃风现象。

3. 地缘政治风险波动会加剧中国石化原料供应的不稳定性

近年来，中东等国家政局动荡、冲突频发。地区各类双边、多边冲突和国内骚乱导致能源供应中断或价格剧烈波动的可能性一直存在，一旦能源供应出现问题，中国将最先受到影响。伊朗核问题、利比亚内战以及持续的叙利亚暴力冲突等中东地区问题导致油价出现波动。中国石油供应线漫长，安全形势的恶化还会直接威胁中国获取中东石油的海上供应线。如索马里海盗就直接威胁通过亚丁湾和曼德海峡的中国邮轮。霍尔木兹海峡是中国进口大多数中东石油的必经之路，如果伊朗和西方发生冲突，霍尔木兹海峡有可能被切断，这将严重威胁中国的能源供给安全。一方面，随着许多全球性问题的凸显，国际社会在人权、劳工、环保、知识产权等方面的法律和规范也在不断发展和完善，而迅速发展的中国公民、企业、法人在中东的经济贸易活动还没有适应这些新情况、跟上这些新发展，因此在当地引起了一些矛盾和纠纷。另一方面，西方有些人用"中国责任论"来牵制中国，以他们的标准来评价中国与中东经贸合作的发展，特别是抹黑中国在中东、非洲、拉美等地区不遵守人权、劳工、知识产权等方面的规范。从长远看，这对中国与中东等地区的经贸合作稳步发展也形成一定的制约。

随着中东油气资源对国际能源安全具有越来越重要的战略意义，未来中国与中东地区的能源合作将面临与美国、欧洲、日本等大国及其他能源消费国的激烈竞争。中国与中东的关系可能取代美国与中东的关系，成为影响世界能源问题前景的决定因素。如何处理与美国、欧洲等大国在中东的关系将成为中国今后要面临的重要课题。

4."一带一路"战略实施为我国石化行业发展提供安全保障

"一带一路"是习近平总书记在 2013 年 9 月和 10 月分别提出的合作倡议，它充分依靠中国与有关国家既有的双多边机制，借助既有的、行之有效的区域合作平台，积极发展与沿线国家的经济合作伙伴关系，共同打造政治互信、经济融合、文化包容的利益共同体、命运共同体和责任共同体。"一带一路"战略构想涉及到四大洲50多个国家，集中了俄罗斯以及中东地区重要的油气资源国。仅中东地区石油已探明储量占世界48%，产量占世界30%以上；仅俄罗斯和中东地区天然气已探明储量占世界60%，产量占世界34%以上。加强与"一带一路"油气资源国的合作，不仅可以扩大油气来源，稳定供给量，而且可以实现运输通道的多元化，降低对马六甲海峡油气运输通道的依赖度，提高进口油气资源供给的安全系数。此外，由于"一带一路"沿途上集中了俄罗斯、中亚和中东等国家和地区重要的油气资源供应国以及亚洲地区主要的能源消费国，油气管道及公路、铁路港口、码头、存储设施等基础设施的建设和完善，将促进区内供需双方以及过境国之间构成全方位资源、技术、资金和市场等多种元素融合的新型合作机制，形成世界上供应链、产业链合作程度最广、最深的油气合作局面。

新型的油气合作模式的建立，对中国参与国际计价油种的运作，构建全球贸易网络十分有利。"一带一路"的海外油气合作战略从顶层设计出发，有利于在亚洲地区形成油气和石化产业链、供应链和价值链的优化布局、深度融合、梯次转移的发展新格局，同时也为中国石油企业树立大资源、大市场、大合作的新理念，为打造油气产业国际合作的升级版奠定基础。此外，"一带一路"建设将推动欧亚大陆铁路、公路等交通设施的改善。随着陆路交往的畅通，陆路运输的比重增加，最终将会改变以往途径马六甲海峡的单一海路运输格局。欧亚大陆将逐步建设多个新的能源转运中心，形成海路陆路比肩并进的合理布局。由于沿线各国更重视规避金融风险，更看重利用本币结算，这将会加快世界金融体系"去美元化"趋势。

二、国际经济环境对石化行业发展的影响

（一）2021—2022年国际经济环境对全球石化行业发展的影响

在新冠肺炎疫情得到相对控制的背景下，随着各个经济体采取一系列政策措施促进经济复苏，2021年全球经济逐步得到恢复，经济增长速度全面提升，整体经济形势良好。然而，全球石化行业仍然存在诸多问题，石油和天然气等原材料供需失衡，油气价格逐步攀升，石化行业供应链中断。在全球经济缓慢复苏的背景下，石化行业发展仍面临较大压力。

1. 全球经济复苏促使全球石化行业整体回暖

在各国财政支持以及新冠疫情反复和供应链危机等因素的影响下，2021年全球经济波动温和复苏，世界银行数据显示，全年GDP增速在5.9%，比2020年-4.4%的增长率有大幅回升。终端市场需求改善推动了市场对原材料需求的上升，全球化学品产量相对于2020年低谷反弹增长5.8%，其中亚太地区表现最为强劲，增长约8.2%；其次是欧盟，增长5.0%左右；拉美增长4.9%。2022年，全球经济依然面临疫情干扰、通胀持续高位等诸多不确定性和不稳定性因素，但随着工业生产和贸易的恢复，进出口活动将逐步回暖，供应链危机也将逐渐解除，全球化工生产将保持增长趋势，预计2022年增长3.8%，2023年将放缓至3.2%。

从具体国家来看，美国化工行业好于预期，前景乐观。2021年美国迎来了政府轮替和权力交接，在拜登政府大规模货币和财政刺激方案的影响下，美国GDP增长5.6%，扭转2020年3.4%的下降趋势。美国工业生产也在2020年收缩7.2%之后，迎来了2021年5.5%的增长。尽管2021年美国化工行业受到冬季风暴"尤里"和飓风"艾达"以及供应链危机等因素的不利影响，但后疫情时代终端市场需求激增推动了市场对化学品需求的上升，全年实现了1.4%的小幅增长，但远低于全球化工行业增长平均水平（5.8%）和美国的工业增长平均水平（5.5%）。其中，特种化学品增长最高（2.6%），几乎所有功能和细分市场的特种化学品需求均出现增长；其次是基础化学品，增长 1.8%；塑料树脂仅增长 0.4%。欧盟化工行业恢复至疫情前水平，但前景仍充满不确定性。欧盟化工销售额占世界化工总销售额的比例近年来保持在 15% 上下。德国、法国、意大利和荷兰是欧盟排名前四的化工产品生产国，占欧盟化工销售额的 61.6%。据欧洲化工理事会（CEFIC）数据，2021 年前三季度欧盟化工产品产量同比增加 7%，且好于疫情前水平，装置开工率高于过去 10 年的平均水平（81.6%）。

2. 能源供需失衡导致石化行业原材料价格逐步攀升

2021 年，在全球供需错配、货币超发等因素影响下，全球能源和大宗商品价格显著上涨。在地缘因素作用下，国际能源价格走高的趋势日益凸显，当前原油最高价格已经趋近 2008 年金融危机前创造的历史极值，布伦特原油期货上涨超过 10 美元/桶，超过 83 美元/桶，WTI 原油交易价格高于 80 美元/桶。作为全球"大宗商品之王"，原油价格飙涨，直接拉动下游商品成本激增。伴随着油气价格上行，下游原材料采购成本已显著增加，石化行业部分商品价格涨幅或能抵御成本压力，但原油上涨的红利仍难以全部传导至下游。2021 年随新冠疫情震荡回落，全球经济逐步恢复，原油市场经历了 3 月、7 月、10 月三次震荡上扬，摸高 80 美元/桶，创出了 6 年新高，引发全球能源紧张的格局。而进入 2022 年后，油价上行动力不减。截至 2022 年 2 月 21 日，ICE 布油期货较年初上涨 25.16%，收于 95.85 美元/桶，ICE WTI 原油期货上涨 25.00%，收于 93.60 美元/桶。

俄乌战争进一步提高了油气价格。在俄乌战事影响下，国际油价大幅上涨，多次单日涨幅突破 7 美元 / 桶。俄罗斯的石油产量约占全球总产量的 10%，每天出口约 700 万桶原油和石油产品。而在 2022 年 3 月 8 日美股午盘时，美国总统拜登宣布了针对俄罗斯的能源禁令，将禁止美国从俄罗斯进口石油、液化天然气和煤炭。当日英国也宣布计划将在 2022 年底前停止进口俄罗斯石油和相应石油产品，以进一步加强对俄制裁。在能源禁令如火如荼时，国际油价再度提高。原油价格持续上涨引起了整个石化和下游的化工行业的极大关注，相关企业当下的生产经营情况颇受影响，尤其是国际原油价格上涨带动相关原材料价格上涨，对当地化工企业生产成本造成较大压力。原油价格飙升之时，欧洲天然气价格也频繁刷新历史。2022 年 3 月 7 日，欧洲天然气期货价格首次突破每 1000 立方米 3000 美元（约合人民币 18956 元），再次刷新历史最高纪录。

3. 低碳经济加速石化行业绿色化和数字化转型

中国石油和化学工业联合会的报告《"一带一路"油气绿色开发与利用——炼油和乙烯行业》中显示，在全球石化产业结构深度调整的大背景下，绿色发展已经成为石化行业结构优化的主要方向。因此，各个国家在炼油和乙烯行业的国际产能合作中推动绿色发展，有助于实现高水平的共商共建共享。目前许多"一带一路"沿线的发展中国家正处在工业化的关键时期，石油和化学工业的相关资源禀赋好，具有劳动力和市场优势。沿线油气资源国致力于摆脱过度依赖单一石油出口,强调发展多元化经济,特别是发展炼油石化工业吸引外国资本和技术。"一带一路"沿线国家炼油工业总体发展迅速,具有炼油能力较大、炼厂规模总体偏小、各国发展不均衡的特点。炼厂总体的开工率低于世界平均水平,部分地区和国家炼油设施陈旧,技术水平偏低,油品结构不合理,产品质量标准有待提高,炼厂升级改造合作空间大。因此,绿色低碳的引领是关键所在。

除此之外,在石化行业原材料领域,有95%左右的投资进入了石油和天然气项目,呈现出从石油到天然气,从常规能源到非常规能源的转变趋势,仅仅有5%的资本进入到太阳能、风能等绿色低碳的新能源领域。能源转型仍然面临技术、成本等多重挑战。从传统能源向绿色能源转型不可能一蹴而就,短时期内打破既有的能源格局,将会催生更多不确定性因素,导致出现阶段性、结构性供需失衡和非理性价格宽幅震荡。因此,石化企业应速依靠技术创新,促进石化行业数字化、智能化和绿色化转型,克服环境困境,降低开发成本,打造技术主导的竞争新优势。后疫情时代,经济复苏,全球石化行业进入发展的黄金阶段,应更加注重技术的针对性和实用性。在碳中和和石化行业绿色转型的大环境下,世界各国应重视对低碳减排和新能源领域的投入,积极布局风能和太阳能等新能源项目。

随着全球疫情的进一步发展,新一代信息技术已经成为抗击新冠疫情,降低经济社会发展不利影响的有效工具。各个国家积极倡导石化行业的数字化转型,不仅是疫情促使企业转型,更是在疫情阶段凸显出石化企业转型的重要性。现阶段，融合创新和新技术集成引领石化行业向数字化和绿色化方向逐步演进。在各国积极加速石化行业和数字经济融合的背景下，石化行业应更加依赖技术创新，外部技术跨界融合将给石化行业指明新的发展方向，尤其是智能化、数字化发展将引领石化行业发展趋势，以数字化和绿色化为特征的新技术将给石化行业发展带来巨大变革。

4. 全球金融不稳定促使石化领域国际结算货币多元化

2021年，由于新冠疫情肆虐，再加上美国过度透支美元信用、以化石燃料为基础的生产和消费模式和以美元-石油计价机制为基础的美元体系存在严重缺陷，因此全球金融出现动荡，不稳定性加剧。同时，疫情冲击下美国经济实力逐步下降，此时世界对于多元化的国际结算货币体系需求加剧。2021年进入4月份以来，随着全球疫情阶段性趋稳，美元指数自93.44高位持续回落到90下方，又在6月偏鹰派的美联储议息决议支撑下大幅反弹。美联储决策者在通胀和就业双重压力下如何权衡，市场对美联储削减购债规模时的猜测，以及拜登6万亿美元新财年预算能否顺利通过，将成为影响美元指数的重要看点。也就是说，全球疫情企稳提振了全球风险情绪，就业数据走弱和美债收益率疲软共同降低了市场对美元和美元资产的兴趣，是前期美元走弱的主要原因。而美联储的鹰派议息决议，则又令美元绝处逢生。

2021年，美国拜登政府开始推动财政政策的落地，希望通过更强有力的财政支出提振美国经济。5月28日,拜登向国会提交了他任内第一份正式预算提案,申请美国联邦政府在2022财年中支出6万亿美元,支出时间从2021年10月1日开始,到2022年9月30日结束。该预算中绝大部分资金将用于医疗保险、医疗救助、社会保障、国债利息等法律规定的政府强制支出。这个预算也包括了他的两项标志性国内提案——"美国就业计划"和"美国家庭计划"。该预算提案集中反映了拜登施政理念与特朗普政府的区别。例如,要求为教育部、卫生及公共服务部、国家环境保护局的拨款分别增加41%、23%和22%,而对协助特朗普实行激进移民政策的国土安全部拨款小幅减少0.1%,国防部拨款仅增加1.7%。拜登将通过提高对企业和高收入者的税收来为他的计划提供资金。横向来看,美国实施的财政刺激规模远远超过了德国、意大利、法国等非美经济体,美国非金融部门的债务偿还压力在疫情后持续回落,居民收入及储蓄率水平在疫情后大幅提升。相对其他国家,美国的"大政府"优势将继续凸显,而这将使得美国经济走出疫情后的复苏弹性空间远远超过其他非美经济体。2021年12月,美国参议院批准了规模约1万亿美元的基础设施法案和1.7万亿美元的包括社保在内的一揽子经济刺激救助方案。据《伊朗金融论坛报》数据显示2021年前半年,人民币在伊朗外汇储备中占有将近20%的比重。同时,伊朗与俄罗斯、委内瑞拉、欧洲多国进行合作,以人民币和欧元为石油贸易结算货币,进一步削弱美元体系。

（二）2021—2022 年国际经济环境对中国石化行业发展的影响

2021 年国际经济环境保持在积极的增长状态，对中国石化行业的日益复苏和快速发展产生了显著的推动作用。同时，在"双碳"目标的驱使下，中国石化行业迎来了绿色发展的机遇期。积极打造绿色油气田、绿色炼化、绿色储运、绿色技术等，积极促进石化行业绿色化和低碳化演进。油气价格走高增加了石化产品成本，进一步刺激了中国石化行业的转型升级。

1. 全球经济增长促使中国石化行业加速绿色转型

2021 年是中国"十四五"开局之年。中国化工行业也正在经历着全方位深层次的变革，绿色低碳转型和高质量发展已成为新时期转变发展模式，提升竞争力的重要任务。相关政策法规密集出台，对行业绿色转型和高质量发展提出明确要求和科学指导。《中共中央国务院关于完整准确全面贯彻新发展理念做好碳达峰碳中和工作的意见》《2030 年前碳达峰行动方案》明确提出，要坚持"全国统筹，节约优先，双轮驱动，内外畅通，防范风险"原则，把碳达峰、碳中和纳入经济社会发展全局，确保如期实现 2030 年前碳达峰目标。《石化化工重点行业严格能效约束推动节能降碳行动方案》（2021–2025 年）提出了行动目标：到 2025 年，通过实施节能降碳行动，炼油、乙烯、合成氨、电石行业达到标杆水平的产能比例超过 30%，行业整体能效水平明显提升，碳排放强度明显下降，绿色低碳发展能力显著增强。同时部署制定技术改造实施方案、引导低效产能有序退出、推广节能低碳技术装备等十大重点任务。《"十四五"工业绿色发展规划》提出，围绕实施工业领域碳达峰行动，构建绿色低碳技术体系、绿色制造支撑体系，推进产业结构高端化、能源消费低碳化、资源利用循环化、生产过程清洁化、产品供给绿色化、生产方式数字化等六个转型。该规划部署了再制造产业高质量发展、废弃电器电子产品回收利用、汽车使用全生命周期管理、塑料污染全链条治理、快递包装绿色转型、废旧动力电池循环利用等六大重点行动。2021年，中国对转型发展的要求主要体现在：大力发展非化石能源、增强清洁能源消纳能力、推动能源清洁高效利用等三个方面。

2. 低碳经济促进了化工新材料的投资和研发力度

随着全球经济的逐步提升，化工新材料的研发和投资建设继续保持热度。根据中国国家统计局数据，2021年化工行业增加值比上年增长7.7%，增速提高5.2个百分点。全年乙烯新增产能605万吨，再创历史新高，总产能超过4000万吨；乙烯产量2826万吨，增长18.3%。蒸汽裂解装置100万吨/年以上的已达15套，平均规模提高至80.7万吨/年。位于渤海湾、杭州湾和大亚湾的乙烯总产能占比达到45.6%，规模效应和聚集效应增强，一体化、集约化、供需联动创新等优势凸显，我国化工行业实力显著提升。随着《重点新材料首批次应用示范指导目录（2021年版）》的发布和相关政策法规的出台，以及节能与新能源汽车、生物医药及高性能医疗装备、新一代信息技术产业等战略新兴产业的快速发展，化工新材料的研发和投资建设继续保持热度。2021年共有上百个化工新材料项目发布环评公告，主要包括可降解塑料、特种专用橡胶、高端聚烯烃、膜材料、热塑性弹性体、工程塑料等先进化工材料和高性能纤维等关键战略材料项目。

除此之外，石化行业研发投入强度持续提升，推动行业科技水平不断提高。据2021年9月国家统计局发布的《2020年全国科技经费投入统计公报》显示，化学纤维制造业、橡胶和塑料制品业研发经费投入强度分别比上年提高了0.22和0.33个百分点至1.66%和1.74%。中国化工行业规模实力和科技创新能力不断加强，化工新材料、高端专用化学品、现代煤化工等领域一大批关键核心技术取得突破。未来几年，中国化工行业仍将立足产业链现有的基础和优势，打通各环节堵点、断点，坚定不移地稳链补链强链。化工原料将呈现石油为主，油田轻烃、乙烷、生物质、废弃高分子材料、二氧化碳、甲烷等原料为辅的多元化供应格局，原油高收率制化学品技术、高分子材料循环利用技术、生物质资源利用技术、甲烷转化制烯烃芳烃技术、二氧化碳化工利用技术等受到空前关注。生产过程将持续向清洁化、集约化和高效化方向发展，蒸汽裂解装置电加热技术、低碳/零碳制氢技术、二氧化碳捕集技术、超重力等过程强化技术、高效分离技术、高效催化剂和生产工艺等成为研发热点。产品向特种、精细、环境友好化学品转型，加快突破氢化丁腈橡胶等特种橡胶、环烯烃共聚物等工程塑料、聚乙烯醇薄膜等膜材料，以及聚乳酸等生物基材料关键核心技术，加快打造原创技术策源地和现代产业链链长，加快实现高水平科技自立自强。运营管理向数字化智能化方向发展，贯穿从设计、建设，到生产运维、经营管理、新产品开发、产品营销、技术支持与服务等全过程，提升企业动态感知、优化协同、预测预警、科学决策的能力，赋能企业高质量发展。

3. 全球能源市场波动加速了中国"油气增储上产"进程

近年来，中国原油和天然气对外依存度逐步提升，分别达到了70%和45%左右。同时，国际后疫情时代的去全球化趋势对中国的原油和天然气进口产生了显著的负向影响。现阶段，全世界多国推行的相对宽松的货币政策以及疫情的叠加作用促使国际大宗商品价格急剧增长，导致石化产品的成本逐步提升。

为保证中国能源供应安全，2021年4月，中国国家能源局研究制定并发布了《2021年能源工作指导意见》。意见指出，当前国内外形势错综复杂，能源安全风险不容忽视，落实碳达峰、碳中和目标，实现绿色低碳转型发展任务艰巨。2021年要大力发展非化石能源，强化能源供应保障基础，推动油气增储上产仍是重要任务。2021年全国能源生产总量达到42亿吨标准煤左右，石油产量1.96亿吨左右，天然气产量2025亿立方米左右，非化石能源发电装机力争达到11亿千瓦左右。意见提出，强化能源供应保障基础。在上游方面推动油气增储上产，确保勘探开发投资力度不减，强化重点盆地和海域油气基础地质调查和勘探，推动东部老油田稳产，加大新区产能建设力度；加快页岩油气、致密气、煤层气等非常规资源开发；稳妥推进煤制油气产业高质量升级示范。在中游方面进一步提升能源储运能力，立足"全国一张网"，推进天然气主干管网建设和互联互通；积极推进东北、华北、西南、西北等"百亿方"级储气库群建设，抓好2021年油气产供储销体系建设管道、地下储气库和LNG接收站等一批重大工程建设；加快《石油储备条例》制修订。此外，中国仍然强调"推动油气增储上产，确保勘探开发投资力度不减"，这充分说明油气资源在中国经济发展中的重要地位。

4. 全球油气价格上涨对中国化工行业发展存在差异化影响

2021年，国际油气价格持续走高，石化行业整体营业收入和利润总额均创历史新高。与此同时，石化行业相关上市公司业绩得以改善，这说明加大淘汰落后产能、关停并转散乱污企业取得明显成效。2021年中国石化行业实现营业收入14.45万亿元，实现利润总额1.16万亿元。油价上涨对橡胶和塑料影响机制相对简单，主要是成本抬升的影响，而对于化肥和纯碱行业来说油价变化整体影响不大。具体来看，油价上涨利好新型煤化工。煤化工主要包括传统煤化工和新型煤化工。传统煤化工主要包括煤焦化、煤制电石、煤合成氨，而新型煤化工主要包括煤质甲醇、煤制烯烃、煤制天然气、煤质乙二醇和煤制油等，新型煤化工主要以生产替代石油化工的产品为主。因此，石油价格上涨对传统煤化工影响不大，而对于新型煤化工却是有利的。对于塑料而言，油价上涨导致树脂和塑料加工利润空间被挤压，下游加工受损更重。塑料行业的下游主要是以塑料制品为主营业务的轻工业，一方面，下游塑料加工行业的需求端多为房地产、汽车等较为强势的消费方，油价上涨带来合成树脂成本的提高较难转嫁给需求端；另一方面，行业中多为中小企业，整体体量巨大，进入壁垒低、可替代性强，低端塑料的同质化竞争较激烈，成本上涨将进一步压缩行业的利润空间。而对于树脂来说，油价上涨同样是负面影响，但议价能力相对好于下游加工企业，受到的负面影响更小一些。

此外，油价大幅上涨可能会加大生物质能源的需求，从而促进农药化肥的需求回升，不过这个过程相对来说比较长期，并且在油价回升幅度不大时，可能产生的影响也相对有限；但是从另一方面来说，由于油价和天然气的替代关系，油价回升的同时也将带动天然气价格回升，这对于气头化肥生产商可能会带来成本上升的压力。综合来看，油价上涨对于化肥行业影响不大。合成橡胶的主要原料来自于石脑油裂解或者裂化的产品，诸如丁二烯、丙烯腈、苯乙烯等，所以当油价上涨时，合成橡胶成本端自然面临上涨的压力。而此时对于原料主要来自于橡胶树的天然橡胶来说，成本端并未受到影响，作为替代品，天然橡胶受益于石油价格上涨。制造纯碱的原料主要包括原盐、合成氨和石灰石等，均与油价没有直接关系，而纯碱下游需求主要包括玻璃、洗涤、印染、氧化铝等行业，需求也基本不受油价影响，整体上来看，油价的上涨对纯碱行业并不会产生明显影响。

三、国内政治经济环境对我国石化行业发展的影响

（一）2021—2022年国内政治环境对中国石化行业发展的影响

2021年不仅是中国"十四五"规划的开局之年，也是中国石化行业处于前所未有大变革的时代。在国内政治稳定和政策趋向明显的背景下，中国石化行业发展迅速，相关技术和管理水平日益提升，但仍存在石化产品污染性较强、低端产品产能过剩、高端油品和化工品依赖进口、布局不合理等问题，在国内外激烈的市场竞争中暴露出诸多短板。在新冠肺炎疫情、油价上涨和碳中和目标的多重挑战下，中国石化行业受到诸多影响，正在积极迎接大变革时代的到来。

1. 稳定的政治环境促使石化行业产能增势明显，布局持续优化

根据国家统计局和海关总署的数据，中国石化行业"十四五"开局之年的经济业绩远超年初的预期，尤其是营业收入和利润都创造了新的历史纪录。2021年，全行业实现营业收入14.45万亿元，同比增长30%；实现利润总额1.16万亿元，同比增长126.8%；进出口总额8600.8亿美元，同比增长38.7%。2021年，得益于一批千万吨级大型炼化一体化项目的持续投产和落地，中国石化行业的规模增长和转型升级驶入了前所未有的快车道。除了国家级别的炼化一体化项目相继投产外，民营力量快马加鞭，与主营力量深度融合，打造炼化一体化产业链。2021年，中国石油化工行业正在朝着装置大型化、炼化一体化和产业集群化方向快速发展。除此之外，国际巨头在考察中国政治风险之后，抢抓开放红利，抢滩登陆中国石化市场，埃克森美孚、巴斯夫等外商独资石化项目有序推进，壳牌、沙特基础工业公司、沙特阿美将与国内石化企业在炼化领域内展开合作。中国石化行业正在逐步步入竞争多元化的大变局时代。

此外，中国石化行业新建和整合产能持续释放，造成该行业产能供过于求的局面。中国石化发布的《2021年中国能源化工产业发展报告》显示，在"十四五"期间，中国石化行业进入新增产能全面释放、竞争白热化时期，也是行业整合、转型升级的关键期。但此过程中，中国高技术含量的新材料和高端石化产品产能严重不足，对外依存度高，存在结构性短缺问题。

2. "双碳"目标促使石化行业绿色化，环保要求逐步提高

碳达峰碳中和目标的提出对能源转型提出了更加迫切的要求。2021年全球石化行业形势依然严峻，而中国石化行业进入新增产能全面释放、竞争白热化时期，也是行业整合转型升级期，化工产品高端化、绿色化发展成为新趋势，在"碳中和"共识下，绿色环保技术的研发转化推广将加快。此外，各级政府相继出台了更多的政策措施，促进石化行业生产过程清洁化，提升清洁能源供应能力，实现绿色发展。在国家政策的指导下，石化企业将加快石油勘探与生产，控制成本，努力做到"供得上、划得来、保安全、有效益"；更加注重发展天然气，提升清洁能源的供应能力，并根据企业自身条件，实施可再生能源的规模化发展。

"双碳"目标的实质是加快完成从化石能源向非化石能源的转型。在"双碳"目标下，石化行业作为中国工业系统中碳排放最大的行业之一，面临着巨大的挑战。石化行业能源消耗总量较大，仅次于冶金行业，多年来把节能减排作为转变行业增长方式的重要课题，且采取了一系列措施，但是总的来说，多数耗能产品的能耗水平与国际平均水平相比仍有差距。炼油化工企业的碳减排潜力很大，碳管理也是刚刚起步，企业内部碳强度不平衡显著制约了中国石化行业的快速发展。在"双碳"目标下，产业急剧变革，绿色能源和高端化工成为全球竞争的科技前沿。在分子炼油方面，新的反应过程、分离过程的突破是重要前沿；在化工领域，高端化学品仍处在

研发多、应用少的阶段，转化率低、产业化少，尤其是一些还未全面实现国产化的领域，如高端聚烯烃、弹性体、降解材料、功能膜、电子化学品等。2021年，中国炼油产能严重过剩，装置开工率仅为74%。而且在新旧动能转换以及双碳目标的大背景下，近年来沿海地区的大型炼化一体化产业链配套齐全，成本低于内陆传统炼厂，市场覆盖范围更广，正在重新构建炼化市场的竞争格局，节能低碳形势依然严峻，需要抓好机制创新和技术创新，通过系统节能、智慧节能和协同节能，实现炼化工业绿色、低碳、高质量可持续发展。

3. 数字经济加速石化行业智能化发展

2021年底，国务院印发了《"十四五"数字经济发展规划》，工信部先后发布了《"十四五"大数据产业发展规划》《"十四五"信息化和工业化深度融合发展规划》等政策文件，从创新、应用、供给、支撑等多方面，推动数字技术与实体经济深度融合。随着网络安全法、数据安全法、个人信息保护法等政策法规的出台实施，数字治理体系也不断完善。随着顶层设计的逐步明晰，在前期快速发展的基础之上，如何把数字经济转化为未来发展的关键增量，进而推动形成竞争新优势，促进数字新业态发展取得新进展，已成为下一阶段经济发展的重要方向。

随着科技创新和信息化技术的快速发展，不仅深刻改变了各类企业的生产和经营方式，加快推动了产业变革，而且数字逐渐成为重要的战略资源和驱动发展的重要力量。新一代人工智能、5G、区块链等技术的突破将开启万物互联时代。数字经济与石化行业的深度融合首先会推动降低采油成本。油气开采过程被认为是最适合应用数字化和自动化的领域，用好这些数据将极大地降低采油成本和运营成本。在油价逐步攀升的时代，必须推进数字化进展，辅助资源勘探，助力虚拟远程开采和数字化钻井。麦肯锡认为，在采油过程中，钻井平台收集的数据只有不足1%为决策层所知悉。石化行业企业应该尽快布局推广数字化在企业中的应用，着力打造数字化石油钻井平台。其次，石化行业的数字化发展有助于推进精准销售。数据在销售领域的应用相对比较成熟，但是在石化行业的销售领域还未实现大范围推广。要深耕大数据的开发，广泛利用大数据，充分挖掘数据价值，努力实现线上与线下、虚拟与现实、软件与硬件的深度融合，使得销售更加精准、便捷。同时，注重区块链等先进技术的应用，进一步增强产品的可追溯性和信誉度。最后，数字经济发展有助于打造智能工厂。传统行业通常是大量标准化的生产，而数字经济强调的是根据消费者喜好的差异，进行个性化定制。石化行业生产的终端产品不都是汽油，还可以生产聚乙烯、聚丙烯等产品，作为塑料制品厂商的原料。可以通过设备大数据的收集、应用，以及提高自动化应用程度和人工智能水平，从而提升设备运营水平，降低人工成本。推进工业互联网进程，进行小批量、个性化定制生产，通过经济的数字化来推动产业的转型升级，实现生产的质量和效益改革。

（二）2021—2022 年国内经济环境对中国石化行业发展的影响

石化行业是我国经济运行中重要的基础性产业，其运行状况与经济走势密切相关。2021 年，由于新冠肺炎疫情的影响，全球经济形势低迷，国内由于疫情管控得当经济复苏明显，国内经济依然具有保持中高速增长的动力和潜力。目前，我国工业化和城镇化建设尚未完成，整体经济处于快速发展过程中，且经济的持续增长之间促进并影响着国内石化行业的发展。现阶段，石化行业的相关企业在生产运行过程中仍然面临着多种多样的问题，需求增速的下滑、供需矛盾的加深、产品价格的降低等问题尤为突出，直接导致国内石化市场出现了深远变化，而这些变化无论是对石化企业的战略决策还是生产经营都产生了较大的影响。

1. 经济回升促使石化行业加速技术升级

2021 年，中国石化行业整体供需状况出现供过于求的趋势，炼油产能和低端化工产品过剩，高端化工产品不足，大部分石化产品市场竞争非常激烈，初级加工低端产品供过于求非常明显，但是部分产品还是有较大的缺口，高度依赖进口，因此石化企业对提升技术水平、提高产品附加值的要求将会更加凸显，升级改造的压力和需求非常大。只有不断优化调整产品结构和提升生产经营效率，才能够在经济下行、供需矛盾加大的市场中提升自身的竞争力，实现企业生存发展，促进行业转型升级。

2. 政策调整促使石化行业市场运行机制进一步强化

随着国内经济形势的不断变化，以及国家经济宏观调控政策的调整，市场经济在资源配置中的决定性作用更加凸显，国内石化行业将会不可避免地发生一系列变化。在国内经济进入新常态的情况下，国家在石化产业政策导向方面已经释放出明确的信号，鼓励产业转型升级，切实提高自身的竞争力，增强适应市场变化的能力，满足国内经济发展需求的同时，实现行业健康持续发展。2021年，随着供需状况的发展变化，石化行业市场化运行水平不断提高，大部分石化产品已经实现了完全市场化运作，市场化定价的行业运行模式已经形成，市场化不仅包括石化产品的市场化，也包括从原油到炼油以及下游化工业务全链条的有机链接。

3. 供过于求加剧，石化行业的运行成本难以消化

石化行业是资金密集型行业，也是大宗原材料和能源消耗的重点行业。在中国能源处于"富煤、少油、缺气"的情况下，石化行业的主要原料是原油。2021年，在国际经济低迷，国内经济逐步复苏的态势下，原油价格出现了大幅上涨，这就增加了石化企业的直接生成成本，降低了石化企业的整体利润水平。为此，处于产业链下游的石化产品价格也出现大幅度上涨。此外，除了原油之外，石化行业其他原料和费用支出也有进一步上涨的趋势和可能，生产企

业运营成本会有所下降，石化整体行业运行成本将会提升。

从需求方面来看，随着经济发展和生活水平的提高，国内整体对石化产品的需求仍处于上行通道。但是由于新冠肺炎疫情的冲击，尽管2021年新冠肺炎得到了有效控制，复工复产有序进行，经济发展增速得到明显提升，但是相关行业在点状疫情的冲击下对石化产品的需求增速并没有得到显著提升。从供应方面来看，最近几年炼油能力增长迅速，在稳定和维续现阶段炼厂改扩建的过程中，又新建了许多千万吨级大型炼油项目，供应能力持续增长已经出现了过剩的压力。

4. 油价上涨对我国石化行业发展总体不利

第一，高油价会增加我国原油采购成本。随着经济的迅速发展，中国已经超过美国成为全球第一大原油进口国，原油价格上涨对中国来说会增加外汇支出。原油是基础能源和石化原料，价格的涨跌与下游相关产品形成传导关系，原油价格走势一般领先下游的燃料类、化工类产品，原油上涨不利于下游行业的利润提升。同时，能源消费是我国CPI的重要组成部分，除了直接影响能源支出水平外，油价还可以通过石脑油等化工品价格影响纺织品成本，通过汽油价格影响运输成本，通过其他燃料价格影响电力成本并进而影响居住和服务业成本，甚至影响农产品进而影响食品价格。高油价会提高全社会尤其是产业发展的成本，从而影响CPI和PPI，提高通胀水平。

第二，油价上涨会带动石化中下游产品成本提高，抑制行业转型升级。从上游供给看，石化中下游产业成本与原油价格密切相关。一般来说，烯烃和芳烃等基本有机原料的成本占其生产成本的80%以上。由于有机原料和通用合成材料生产企业多为一体化生产企业，原油价格上涨将使以烯烃和芳烃为代表的基本有机原料成本大幅上升，并进一步带动其下游有机原料及合成材料生产成本的提升，从而使整个市场成本重心上移。从下游需求来看，疫情将会造成石化中下游产品需求量和价格的下降。有机原料和合成材料一般不直接面对消费终端，下游客户仍然是工业企业。中长期来看，若疫情在世界范围内长时间流行，对终端消费的抑制作用将会逐渐向上游传导至有机原料和合成材料行业，造成其需求量下降，从而打破原有的市场供需平衡。在此背景下，大型一体化企业会由于油价过高而降低其利润空间，难以利用低成本优势参与市场竞争。多方因素叠加，疫情的影响以及高油价并不会加速石化行业的整合和转型升级。

5. 新冠肺炎疫情影响了石化行业的顺利发展

我国石化行业在很大程度上受到新冠肺炎疫情的影响，主要表现在短期内原料和产品运输受限，下游需求得不到释放，对石化化工装置开工率和产品价格的影响较大。2021年以来，国际原油价格回升，并处于高位运行，与新冠肺炎疫情一起对我国石化行业带来双重叠加影响。

2021年，新冠肺炎疫情点状暴发，国内疫情得到有效控制。私家车出行增加，国内汽油市场需求呈现上升状态。而在柴油方面，随着春耕的开启，加上工矿、户外工程以及交通运输行业的复苏，柴油需求也将呈回升状态。长期来看，由于2020年疫情期间油品库存压力较大，加之国内炼油产能过剩明显，即使成品油消费恢复正常需求，也仍将面临日趋激烈的竞争形势，都将进一步降低炼油企业的整体利润水平。

在2021年期间，疫情暴发严重影响了中国几个重要的化工大省，分别是山东、上海、吉林，江苏、浙江和广东次之。这几个省（市）是中国化工产业最具特色和最具影响力的省（市）。同时，油价的日益上涨带动化工产业链的大部分化工产品出现了上涨，市场上越发贴近终端的产品，因直接面临消费市场，涨幅有限，这就导致产业链成本的传导不畅，正在逐渐积累系统性风险。如果说化工产品价格的大幅上涨背后的推手是高油价，那么疫情带来的叠加因素，就是导致化工产品市场出现极端波动的主要原因。相比较来说，国际油价的持续上涨，给中国经济发展带来了负担和拖累，以及高油价造成的成本增加，无法通过产业链模式有效向下传导，长此以往，或将给中国化工行业带来系统性风险，这个风险，是行业必须要关注的。

发展现状篇

中国石油和化工行业绿色发展蓝皮书 (2021-2022)
Blue Book on Green Development in China's Petroleum and Chemical Industry (2021-2022)

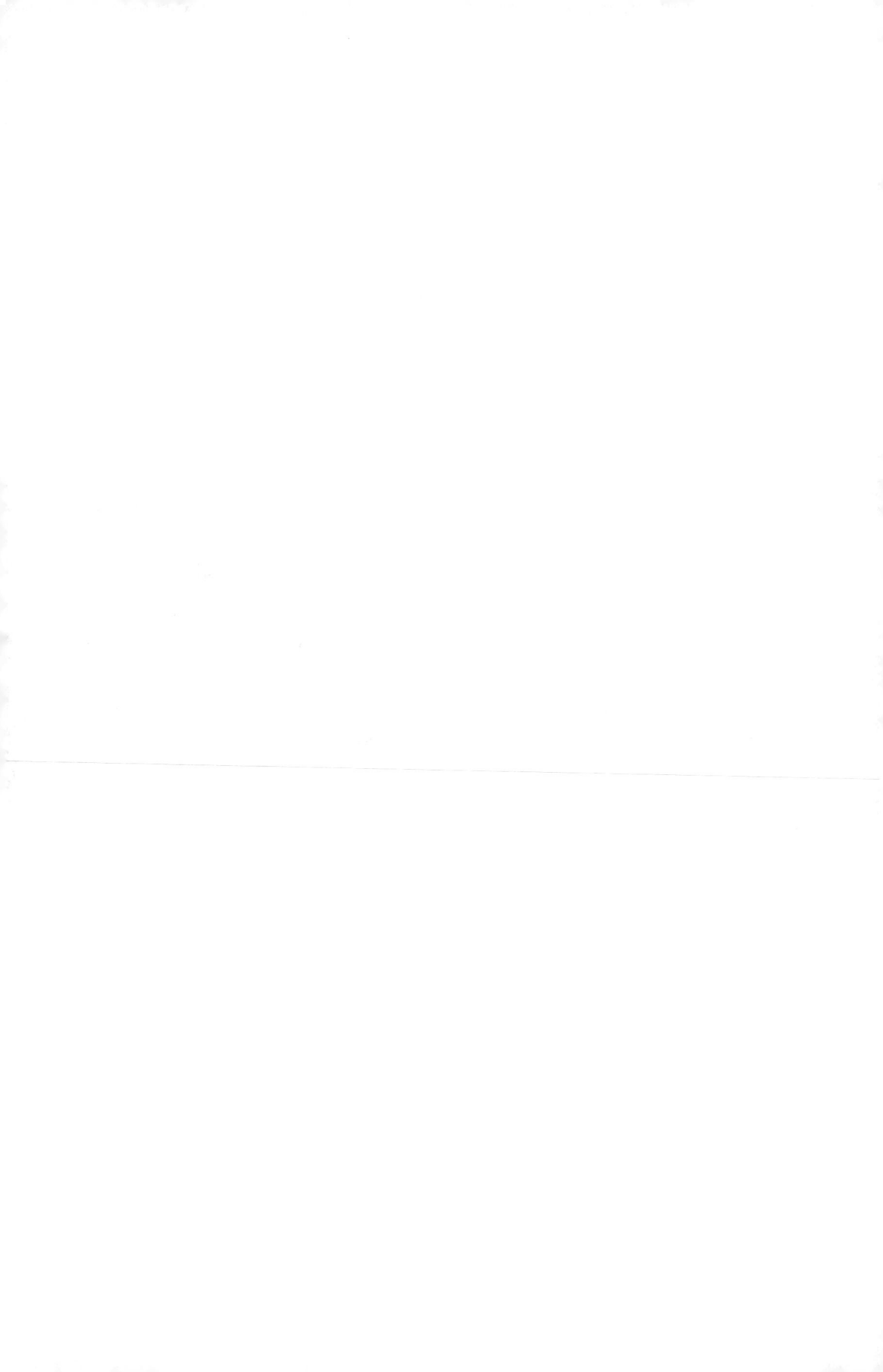

一、国内石化行业绿色发展现状

(一)国内石化行业绿色发展经济现状

根据国家统计局和海关总署的数据,中国石化行业"十四五"开局之年的经济业绩远超年初的预期,尤其是营业收入和利润都创造了新的历史纪录。2021年,全行业实现营业收入14.45万亿元,同比增长30%,比历史上最好的年份超出4000亿元。全行业实现利润总额1.16万亿元,首次突破万亿元,同比增长126.8%。化工板块利润总额创历史新高,板块规模以上企业利润总额7932.2亿元,超出化工板块最好的年份31%,且化工板块收入利润率首次达到9.16%,高于"十三五"时期最好年份2.27个百分点。进出口总额8600.8亿美元,同比增长38.7%。

在盈利能力方面，2021年，全行业营收利润率为8.04%，为2010年以来最高水平，同比上升3.43个百分点，比全国规模工业高出1.23个百分点。其中，全年油气开采业累计实现营收和利润分别为1.1万亿和1650.4亿元，同比分别增长28.3%和533.8%；炼油业累计实现营收和利润分别为4.4万亿和1874.0亿元，同比分别增长30.1%和318.2%。

（二）国内石化行业绿色发展产业链现状

石油化学工业，简称石化行业，一般指以石油和天然气为原料的化学工业，其涉及范围很广，下游产品丰富。石化行业产业链上游主要是石油开采与炼制行业，包括油气开采和运输、炼油和石油化工产品加工制造过程，中游为有机与高分子行业，下游为农业、能源、交通、机械、电子、纺织、轻工、建筑、建材等工农业和为人民日常生活提供配套的服务。

1. 原油产量和加工量持续回升，需求不确定性增加

2021年，中国总的油气当量产量增长5.1%，其中原油产量1.99亿吨，同比增长2.4%，已连续3年增长；天然气产量2053亿立方米，同比增长8.2%，已连续5年增产超过100亿立方米。原油天然气的增产为保障我国能源安全和低碳能源转型作出了重要贡献。

此外，原油加工量及其主要石化产品产量同样增加。原油加工量突破 7 亿吨，同比增长 4.3%，主要化学品总产量增长 5.7%。其中，成品油产量增长 7.9%（其中汽油增长 17.3%，柴油增长 2.7%），燃料油增长 22.1%，石脑油增长 12.6%，乙烯增长 18.3%，合成树脂增长 5.8%（其中聚乙烯增长 9.7%，聚丙烯增长 10.5%，聚氯乙烯增长 2.1%），合成橡胶增长 2.6%，聚酯增长 9.3%。

2. 原油进口量下降，对外依存度降低

2021 年原油进口 5.13 亿吨，同比下降 5.3%，这是我国原油进口量连续 20 年增加的情况下，首次出现下降。分析认为，油价高位是重要因素，2021 年全年布伦特均价 70.72 美元/桶，比上年度均价上涨 69.4%，通过国家储备、研判国际油价走势、宏观调控原油进口量，不仅可以为国家节省外汇，而且还可以抑制投机资本牟利；当然，原油进口量的下降，也是中石油、中石化、中海油贯彻中央部署、实施"油气增产七年行动计划"取得成效的体现；还与我国实施"双碳"战略、逐步减少对化石资源的依赖有关。

因原油进口量减少，原油对外依存度也由 2020 年度的 73.6% 下降为 72%，首次出现原油进口量和对外依存度的"双下降"。但是，千万不能简单理解甚至误解为原油消费量和进口量的峰值已现，这只是我国消费市场对国际原油供求和价格的一次正常反映。此外，第二个百年奋斗目标的实现离不开国民经济支柱产业的石化材料和石化产品的支撑，也就离不开原油这一主要原料的安全保障。

3. 主要石化产品的进口量和消费量增加

2021年，成品油表观消费量增加10.3%（其中，汽油增加20.8%，柴油增加4.6%），燃料油进口增加10.3%、消费增加16.6%，液化石油气进口增加24.6%、消费增加11.7%，乙烯进口增加4.5%、消费增加16.9%，纯苯进口增加41.1%、消费增加12.3%，涂料进口增加19.5%、消费增加19.7%。多种无机化工品如烧碱、纯碱、硫酸、盐酸等的消费量也都增加。

4. 石化行业规模以上企业数量增加

到2021年底，规模以上企业的数量26947家，比上年底增加908家，数字虽然不大，但这是连续5年减少的情况下首次增加。"十四五"开局之年企业数量的增加，说明过去几年加大淘汰落后产能、关停并转"散乱污"企业取得明显成效，也说明布局合理、技术含量高、竞争力强和管理水平高的企业获得了更好的发展空间，这是支撑石化产业高质量发展的基础和支柱。

5. 石化行业主要合成材料进口量下降

据统计，合成树脂进口量同比下降16.5%，其中，聚乙烯进口下降21.3%、聚丙烯进口下降29.4%、聚氯乙烯进口下降52.7%、聚苯乙烯进口下降11.8%、ABS树脂进口下降13%，合成橡胶进口下降16.8%，合成纤维单体进口下降25%，这些产品都是在连续多年进口量持续增加的情况下出现的下降，尤其是聚乙烯，"十三五"期间每年进口量超千万吨，连年大幅增长，2020年进口高达1853.4万吨。合成材料产品进口量的下降，一方面体现了我国新增产能补充了原来的供应不足，另一方面体现了我国技术创新补充了部分高端产品的短板，这是可喜的一面；而可忧的是疫情对市场的影响尚未完全修复，叠加房地产不景气、汽车产销低谷，都对石化材料市场造成了严重影响。

6. 石化行业用汇额上升

中国石油和化学工业联合会报告中的相关数据显示，2021年很多石化产品进口量下降，而进口额却大幅上升，如原油进口量下降5.3%，进口额却大幅上升42.9%；有机化学品进口量下降13.7%，进口额却上升27.6%；合成树脂进口量下降16.5%，进口额却上升17%（聚乙烯进口量大幅下降21.3%，进口额却上升4.6%；ABS进口量下降13%，进口额却上升22.7%；环氧树脂进口量下降22%，进口额却上升16.5%；PC进口量下降7.9%，进口额却上升32.3%）；乙二醇进口量下降20.1%，进口额却上升16.4%；丙烯腈进口量下降33.5%，进口额却上升25.6%。这"一降一升"说明2021年国际原油价格和石化产品价格都是高位，所以造成量减价增，由此也造成2021年石化行业的贸易逆差再次扩大32.3%，高达2689.9亿美元。

（三）国内石化行业绿色发展政策现状

我国石油化工行业经历了从体系建设，到扩张式发展，再到集约式发展的"三部曲"。

1983年中国石油化工总公司的成立，标志着我国石化体系初步建立，1998年中国石油化工总公司重组为中国石油和中国石化两个特大型石化集团公司，我国石油化工体系走向成熟。

石化体系的建立为我国石化行业发展奠定了良好基础。"九五"规划至"十五"规划中，分别强调石化行业的规模经营与设备发展，当时我国石化行业尚处于扩张式发展阶段，需要更多的财力、物力。

"十一五"期间石化行业发生从扩张式发展向集约式发展的转变。"十一五"规划提出调整石化工业布局，我国石化行业开始向集约式发展。"十四五"规划中着重提出，推进石化行业绿色化改造，我国石化行业发展进入新阶段。

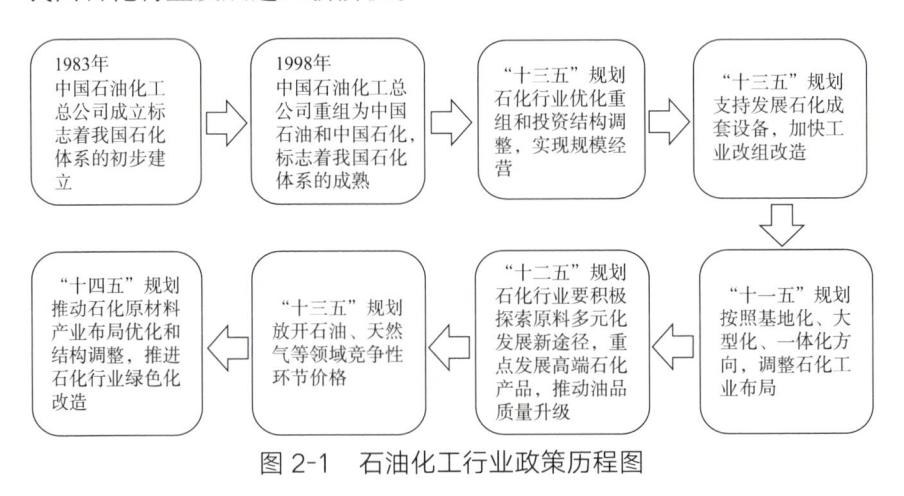

图 2-1　石油化工行业政策历程图

近年来，为了促进石化行业的发展，中国国务院、国家发改委、工信部等多部门都陆续印发了支持和规范石油化工行业的发展政策，内容涉及石油化工发展技术路线、石油化工发展指标等。如2022年国务院发布的《国务院关于落实政府工作报告重点工作分工的意见》推进绿色低碳技术研发和推广应用，建设绿色制造和服务体系，推进钢铁、有色、石化、化工、建材等行业节能降碳，强化交通和建筑节能。

2022年5月，国务院办公厅印发《新污染物治理行动方案》（简称《行动方案》），围绕国内外广泛关注的新污染物，提出了管控目标和行动举措，加快推进石化行业绿色发展。《行动方案》提出采取"筛、评、控"和"禁、减、治"的总体工作思路，开展环境风险筛查评估，动态发布重点管控新污染物清单，采取禁止、限制、限排等环境风险管控措施，对新污染物实施源头管控、过程控制和末端综合治理。

表2-1　2015—2022年国家层面石化行业政策汇总

发布时间	发布部门	政策名称	重点内容
2015年2月	发改委	国家发展改革委关于进口原油使用管理有关问题的通知	首次出台了较为详尽的进口原油使用资质的申请条件，解决了地方炼油企业长期以来"卡脖子"的油源问题。

续表

发布时间	发布部门	政策名称	重点内容
2015年3月	国务院办公厅	国务院办公厅关于加强节能标准化工作的意见	实施百项能效标准推进工程。在工业领域，加快制、修订钢铁、有色、石化、化工、建材、机械、船舶等行业节能标准，形成覆盖生产设备节能、节能监测与管理、能源管理与审计等方面的标准体系。
2015年6月	发改委	石化产业规划布局方案	旨在通过科学合理规划，优化调整布局，从源头上破解产业发展的"邻避困境"，提高发展质量，促进民生改善，推动石化产业绿色、安全、高效发展。
2016年4月	中国石油和化学工业联合会	石油和化学工业"十三五"发展指南	按照发展指南要求，"十三五"期间，全行业主营业务收入年均增长7%左右，到2020年达到18.4万亿元；化工新材料等战略性新兴产业占比明显提高，新经济增长点带动成效显著，产品精细化率有较大提升，行业发展的前景和效益明显增强；技术创新体系初步形成，产学研协同创新效果显著，掌握了一批具有自主知识产权的关键核心技术，互联网与信息技术广泛应用，形成转型升级的新动力。

发展现状篇

续表

发布时间	发布部门	政策名称	重点内容
2016年7月	国务院	国务院办公厅关于石化产业调结构促转型增效益的指导意见	加快淘汰工艺技术落后、安全隐患大、环境污染严重的落后产能，有效化解产能过剩矛盾。烯烃、芳烃等基础原料的保障能力显著增强，化工新材料等高端产品的自给率明显提高，产业发展质量和核心竞争能力得到进一步提升。
2016年8月	国务院办公厅	国务院办公厅关于石化产业调结构促转型增效益的指导意见	综合考虑资源供给、环境容量、安全保障、产业基础等因素，完善石化产业布局，有序推进沿海七大石化产业基地建设，炼油、乙烯、芳烃新建项目有序进入石化产业基地。
2017年12月	发改委	关于促进石化产业绿色发展的指导意见	增强企业绿色发展的主体责任意识，全面提升石化企业绿色发展水平，是当前石化行业的重点工作之一。根据《意见》，石化产业绿色发展要完成四项重点任务：一是优化产业布局，规范园区发展；二是加快升级改造，大力发展绿色产品；三是提升科技支撑能力；四是健全行业绿色标准。
2018年7月	国务院	打赢蓝天保卫战三年行动计划	重点区域禁止新增化工园区，加大现有化工园区整治力度。各地已明确的退城企业，要明确时间表，逾期不退城的予以停产。

续表

发布时间	发布部门	政策名称	重点内容
2018年7月	工信部	石化产业规划布局方案	方案要求安全环保优先，并支持民营和外资企业独资或控股投资，促进产业升级。
2018年11月	工信部	产业转移指导目录（2018年）	明确"市场主导，政府引导"的大方针，分东北、东部、中部、西部四大板块梳理所有省市产业发展方向，列举共计107个地区经济发展群，并明确各省市地区优先承接发展的产业及引导优化调整产业（含引导不再承接或引导逐步退出的产业）。
2019年5月	国家能源局	油气管网设施公平开放监管办法	完善油气管网公平接入机制，油气干线管道、省内和省际管网均向第三方市场主体公平开放，油气管网设施运营企业应当公平无歧视地向所有符合条件的用户提供服务。
2019年8月	国务院	国务院关于印发6个新设自由贸易试验区总体方案的通知	支持发展面向东盟的临港石化产业，延伸产业链，提升产业精细化水平。
2020年1月	自然资源部	自然资源部关于推进矿产资源管理改革若干事项的意见	全面开放油气勘察开采市场，允许名企、外资企业等社会各界资本进入油气勘探开发领域。

续表

发布时间	发布部门	政策名称	重点内容
2020年2月	住房和城乡建设部	石油化工装置防雷设计标准征求意见稿	为防止和减少雷击引起的设备损坏和人身伤亡，规范石油加工装置及其辅助设施的防雷设计，特制订本规范，本规范适用于石油炼制、石油化工及以煤为原料制取燃料和化工产品的企业新建、改建或扩建工程的石油化工装置及其辅助生产设施的防雷设计。不适用于原油的采集、长距离输送、石油化工装置厂区外油品储存及销售设施的防雷设计。
2020年2月	中共中央办公厅、国务院办公厅	关于全面加强危险化学品安全生产工作的意见	整合化工、石化和化学制药等安全生产标准，解决标准不一致问题，建立健全危险化学品安全生产标准体系。
2020年3月	国务院	关于支持中国（浙江）自由贸易试验区油气全产业链开放发展若干措施的批复	加快舟山绿色石化基地建设，利用国际先进的化工生产技术，聚焦高端化学品和化工新材料，发展化工下游精深加工产业链。加快油气进口、储运、加工、贸易、交易、服务全产业链发展。
2020年7月	石油和化学工业规划院	石化和化工行业"十四五"规划指南	"十四五"期间行业将继续贯彻创新、协调、绿色、开放、共享的发展理念，坚持节约资源和保护环境的基本国策；持续推进危化品生产企业搬迁改造，规范化工园区的建设和发展。

续表

发布时间	发布部门	政策名称	重点内容
2020年9月	应急管理部	关于《淘汰落后危险化学品安全生产工艺技术设备目录（第一批）》的公示	淘汰落后的工艺技术包括采用氨冷冻盐水的氯气液化工艺、用火直接加热的涂料用树脂生产工艺等；淘汰落后的装备包括敞开式离心机、多节钟罩的氯乙烯气柜等。
2021年1月	国家能源局	2021年能源监管工作要点、重点任务清单	完善油气管网设施公平接入机制，推动建立公平公开的管输服务市场，促进形成上游资源多主体多渠道供应、下游销售市场充分竞争的油气市场体系。积极支持天然气干线管道附近的城市燃气企业、大用户等与上游供气企业签订直供、直销合同，降低企业用气成本。支持干线管道的支线向市场延伸覆盖，压缩管输层级。
2021年2月	国务院	关于加快建立健全绿色低碳循环发展经济体系的指导意见	健全绿色低碳循环发展的生产体系，推进工业绿色升级。加快实施钢铁、石化、化工、有色等行业绿色化改造。推行产品绿色设计，建设绿色制造体系。依法在"双超双有高耗能"行业实施强制性清洁生产审核。

续表

发布时间	发布部门	政策名称	重点内容
2021年3月	国务院	中华人民共和国国民经济和社会发展第十四个五年规划和2035年远景目标纲要	坚持立足国内、补齐短板、多元保障、强化储备，完善产供储销体系，增强能源持续稳定供应和风险管控能力，实现煤炭供应安全兜底、油气核心需求依靠自保、电力供应稳定可靠。夯实国内产量基础，保持原油和天然气稳产增产，做好煤制油气战略基地规划布局和管控。扩大油气储备规模，健全政府储备和企业社会责任储备有机结合、互为补充的油气储备体系。多元拓展油气进口来源。经济安全保障重点工程中列明若干油气勘探开发区域和煤制油气基地。
2021年3月	国务院	推进平台经济规范健康持续发展把碳达峰碳中和纳入生态文明建设整体布局	要构建清洁低碳安全高效的能源体系，控制化石能源总量，着力提高利用效能，实施可再生能源替代行动，深化电力体制改革，构建以新能源为主体的新型电力系统。

续表

发布时间	发布部门	政策名称	重点内容
2021年5月	发改委	关于"十四五"时期深化价格机制改革行动方案的通知	稳步推进石油天然气价格改革：按照"管住中间、放开两头"的改革方向，根据天然气管网等基础设施独立运营及勘探开发、供气和销售主体多元化进程，稳步推进天然气门站价格市场化改革，完善终端销售价格与采购成本联动机制。积极协调推进城镇燃气配送网络公平开放，减少配气层级，严格监管配气价格，探索推进终端用户销售价格市场化。结合国内外能源市场变化和国内体制机制改革进程，研究完善成品油定价机制。
2021年10月	发改委	石化化工重点行业严格能效约束推动节能降碳行动方案（2021-2025）	到2025年，通过实施节能降碳行动，炼油、乙烯、合成氨、电石行业达到标杆水平的产能比例超过30%，行业整体能效水平明显提升，碳排放强度明显下降，绿色低碳发展能力显著增强。
2021年11月	工信部、人民银行、银保监会、证监会	关于加强产融合作推动工业绿色发展的指导意见	加快实施钢铁、石化、化工、有色、建材、轻工、纺织等行业绿色化改造。鼓励金融机构开发针对钢铁石化等重点行业的绿色化改造、绿色建材与新能源汽车生产应用、老旧船舶电动化改造、绿色产品推广等方面的金融产品。

续表

发布时间	发布部门	政策名称	重点内容
2021年11月	国务院	"十四五"全国清洁生产推行方案	全面开展清洁生产审核和评价认证，推动能源、钢铁、焦化、建材、有色金属、石化化工、印染、造纸、化学原料、电镀、农副食品加工、工业涂装、包装印刷等重点行业"一行一策"绿色转型升级，加快存量企业及园区实施节能、节水、节材、减污、降碳等系统性清洁生产改造。
2021年11月	中共中央 国务院	中共中央 国务院关于深入打好污染防治攻坚战的意见	处理好减污降碳和能源安全、产业链供应链安全、粮食安全、群众正常生活的关系，落实2030年应对气候变化国家自主贡献目标，以能源、工业、城乡建设、交通运输等领域和钢铁、有色金属、建材、石化化工等行业为重点，深入开展碳达峰行动。
2022年1月	国务院	国务院关于印发"十四五"节能减排综合工作方案的通知	以钢铁、有色金属、建材、石化化工等行业为重点，推进节能改造和污染物深度治理。
2022年2月	工业与信息化部	关于促进工业经济平稳增长的若干政策	围绕新基建、产业集群培育等，提出支持一批重大工程项目和产业投资项目落地实施，推动传统产业技术改造，有利于激发石化企业开拓市场的潜力，为打造行业增长新动力提供了工作抓手和切实举措。

续表

发布时间	发布部门	政策名称	重点内容
2022年3月	国务院	国务院关于落实政府工作报告重点工作分工的意见	推进绿色低碳技术研发和推广应用，建设绿色制造和服务体系，推进钢铁、有色、石化、化工、建材等行业节能降碳，强化交通和建筑节能。
2022年4月	工业和信息化部、国家发展和改革委员会、科学技术部、生态环境部、应急管理部、国家能源局	关于"十四五"推动石化化工行业高质量的指导意见	依据国土空间规划、生态环境分区管控和国家重大战略安排，统筹重大项目布局，推进新建石化化工项目向原料及清洁能源匹配度好、环境容量富余、节能环保低碳的化工园区集中。

为了响应国家号召，各省市积极推动石化行业发展，如黑龙江发布的《黑龙江省"十四五"数字经济发展规划》面向装备制造、石油石化、汽车等重点行业，发展行业通用型工业软件，加大行业应用于试点示范力度；面向中小工业企业需求，发展平台型工业软件，实现对中小企业数字化转型普惠性支持。

表 2-2　省级层面石化行业政策汇总

省市	发布时间	政策名称	重点内容
北京市	2021年11月28日	北京市人民政府关于印发《北京市"十四五"时期生态环境保护规划》的通知	落实行业排放标准和无组织排放控制要求，以石化、印刷、工业涂装和油品储运销等为重点，完善VOCs全过程控制体系。推进石化行业重点企业开展VOCs治理提升行动，强化炼油总量控制，实现VOCs年减排10%以上。
北京市	2021年11月1日	北京市发展和改革委员会等11部门关于印发《北京市进一步强化节能实施方案》的通知	严控、压减石化和水泥行业能耗规模：落实本市"十四五"规划纲要要求，以燕山石化和金隅集团两个水泥厂为重点，严控、压减石化和水泥行业年度能耗规模。
天津市	2022年1月17日	天津市人民政府办公厅关于印发《天津市生态环境保护"十四五"规划》的通知	建立排放源清单，石化、化工、工业涂装、包装印刷等重点行业，建立完善源头替代、过程减排、末端治理全过程全环节VOCs控制体系。

续表

省市	发布时间	政策名称	重点内容
河北省	2022年1月15日	河北省人民政府办公厅关于印发《河北省制造业高质量发展"十四五"规划》的通知	石化产业：到2025年，全省化工行业精细化率进一步提升，沿海地区石化产值占全省比重提高到60%，全省石化产业营业收入达到6500亿元。
山西省	2018年7月29日	山西省人民政府关于印发《山西省打赢蓝天保卫战三年行动计划》的通知	积极推行区域、规划环境影响评价，新、改、扩建钢铁、石化、化工、焦化、建材、有色等项目的环境影响评价，应满足区域、规划环评要求。
内蒙古自治区	2019年8月27日	内蒙古自治区人民政府关于印发《呼包鄂乌"十四五"一体化发展规划》的通知	共同遏制高耗能、高排放项目盲目发展，推动煤炭等化石能源清洁高效利用，推进钢铁、石化、建材等行业绿色化改造。

续表

省市	发布时间	政策名称	重点内容
辽宁省	2022年1月3日	辽宁省人民政府办公厅关于印发《辽宁省"十四五"生态经济发展规划》的通知	全面建设大连、盘锦世界级石化产业基地，改造提升抚顺、辽阳、沈阳、锦州、营口五大具有产业竞争力的石化产业基地，着力打造阜新、葫芦岛、鞍山三大特色石化产业基地，按照核心企业-产业链-产业集群-生态工业园区的发展模式，逐步完善从油气加工、有机化工、高分子聚合物化工、化工新材料到精细化工的全产业链，从而实现辽宁省石化产业的高质量、绿色生态化发展。
吉林省	2022年5月27日	吉林省人民政府关于印发《稳定全省经济若干措施》的通知	巩固欧盟、日韩等传统市场，开发中东、非洲等新兴市场，围绕汽车及零部件、冶金石化、农产品加工、装备制造等领域提升国际竞争力。
黑龙江省	2021年9月28日	黑龙江省人民政府关于印发《黑龙江省"十四五"科技创新规划》的通知	开展油气智能开采系统、钻井平台井下无线通信系统、井下分离及同井注采装备、石化多相介质分离装备、石化换热装备、流体压裂技术及装备、管道被动式湍流减阻器件、炼油加工加氢反应器装备、石化流体自动控制装备、液化天然气储存运输装备、新型高效加氢反应器关键部件、石化分离器及分馏塔等装备的研制。

续表

省市	发布时间	政策名称	重点内容
黑龙江省	2022年3月28日	黑龙江省"十四五"数字经济发展规划	面向装备制造、石油石化、汽车等重点行业，发展行业通用型工业软件，加大行业应用与试点示范力度；面向中小工业企业需求，发展平台型工业软件，实现对中小企业数字化转型普惠性支撑。
山东省	2021年10月26日	山东省人民政府办公厅关于印发《山东省"十四五"海洋经济发展规划》的通知	高标准、高质量建设裕龙岛炼化一体化项目，打造世界级高端石化产业基地。
上海市	2021年8月6日	上海市人民政府关于印发《上海市生态环境保护"十四五"规划》的通知	严格控制石化产业规模，推进杭州湾石化产业升级。加快产业结构调整，调整对象由高能耗、高污染、高风险项目进一步转向低技能劳动密集型、低端加工型、低效用地型企业，重点推进化工、涉重金属、一般制造业等行业布局调整。聚焦低效产业园区转型升级，引导资源高效优配。

续表

省市	发布时间	政策名称	重点内容
江苏省	2021年11月19日	江苏省政府关于同意连云港石化产业基地总体发展规划（修编）的批复	坚持"减油增化"，优化园区布局，提前谋划基地二期项目建设，打造技术经济水平达到国际先进水平的基础炼化产业，构建高端石化产业链和产业集群，发展高附加值的精细化工产品，承接全省沿江石化产业转移，促进产业转型升级发展，建设国际一流的大型石化产业基地。
江苏省	2022年1月21日	省政府办公厅关于江苏省"十四五"全社会节能的实施意见	突出钢铁、有色、石化、化工、建材、纺织、造纸等重点耗能行业，组织实施节能降碳重点工程，推进能源综合梯级利用，提高资源投入产出率。
浙江省	2022年1月17日	浙江省人民政府办公厅关于印发浙江省扩大有效投资政策二十条的通知	在严格控制能耗强度的基础上，争取对符合国家"六大领域""四个条件"的重大项目实施能耗单列。确保浙石化二期等3个已纳入国家石化产业规划布局方案的石化项目实施能耗单列。
浙江省	2022年2月6日	浙江省人民政府关于下达2022年浙江省国民经济和社会发展计划的通知	加快建设甬舟温台临港产业带，积极发展海洋装备制造、海洋生物医药等产业，推动炼化一体化和下游新材料项目建设，建好国家级绿色石化产业基地，促进海洋渔业转型提升。

续表

省市	发布时间	政策名称	重点内容
福建省	2021年7月6日	福建省人民政府关于印发《福建省"十四五"制造业高质量发展专项规划》的通知	重点推进"两基地一专区"大型石化项目建设,提高炼化一体化水平,增强烯烃、芳烃等基础原料保障能力。湄洲湾石化基地推进永荣新材料丙烷脱氢制丙烯及下游新材料、国亨化学丙烷脱氢(PDH)及聚丙烯(PP)等项目建设。漳州古雷石化基地推进中沙古雷乙烯、古雷炼化一体化二期等项目建设。福州江阴化工新材料专区推进中景石化聚丙烯、万华化学(福建)产业园等项目建设。
江西省	2021年11月10日	江西省工业和信息化厅关于印发《江西省"十四五"产业技术创新发展规划》的通知	以"布局合理化、产品高端化、资源节约化、生产清洁化"为目标,深入推动炼化一体化转型,加强有机氟硅材料应用开发,发展高端专用化学品和精细化学品,优化氯碱产品结构,不断提升石油化工、有机硅、氟化工、氯碱化工、精细化工等优势产业技术水平。
江西省	2022年3月31日	江西省打造全国传统产业转型升级高地实施方案(2022-2025年)	制定工业领域碳达峰行动方案,推进钢铁、建材、石化、有色金属等行业碳达峰工作。

续表

省市	发布时间	政策名称	重点内容
河南省	2021年10月21日	河南省先进制造业集群培育行动方案（2021-2025）	培育现代煤化工、高端石化等千亿级产业链，发展氯碱化工、氟化工、功能材料等特色产业链，推动传统加工加快向精细化工转型，提高化工产业本质安全和绿色化水平。到2025年，建成全国重要的5000亿级现代化工产业集群。
湖北省	2021年10月20日	湖北省人民政府关于印发《湖北省生态环境保护"十四五"规划》的通知	严格执行环境准入制度。禁止在合规园区外新建、扩建钢铁、石化、化工、焦化、建材、有色等高污染项目。禁止新建、扩建不符合国家石化、现代煤化工等产业布局规划的项目。大力推进钢铁、水泥、玻璃、有色、石化、化工等重点行业全流程清洁化、循环化、低碳化技术改造，加快实施限制类产能装备的升级改造。
陕西省	2021年11月21日	陕西省人民政府办公厅关于印发《"十四五"制造业高质量发展规划》的通知	"三区"为陕北绿色石化和现代煤化工产业示范区、关中先进制造业协同发展示范区、陕南绿色循环高端制造发展区。陕北绿色石化和现代煤化工产业示范区要充分发挥榆林、延安资源优势，推进能源技术融合创新和产业化示范，着力构建绿色低碳的能源化工产业集群。

续表

省市	发布时间	政策名称	重点内容
宁夏回族自治区	2021年11月25日	自治区人民政府办公室关于印发《宁东能源化工基地"十四五"发展规划》的通知	打造高端产业集群，建设行业标准完善、技术路线完整、产品种类多元的现代煤化工产业体系，大幅提升能源资源利用效率、本质安全水平和安全保障能力，建成国内一流的现代煤化工产业示范区，保障我国石化产业安全、促进石化原料多元化。
甘肃省	2022年1月10日	甘肃省"十四五"制造业发展规划	建设兰州石化、玉门油田和庆阳石化3个产业基地，打造丙烯、芳烃和精细化工3个产业集群，建成1—3个国家级或国家地方联合共建工程创新平台，培育10—20家省级企业技术中心，力争2—3家获得国家技术创新示范企业，骨干企业研发投入平均达到年营业收入的5%以上。到2025年，力争实现工业产值达到2000亿元，形成千亿级产业集群。
青海省	2021年6月18日	青海省人民政府办公厅关于印发《青海省成品油市场专项整治工作方案》的通知	通过深入开展成品油偷税、价格违法等专项整治，严厉打击违法违规生产、运输、存储、销售成品油的加油站（点）及掺杂使假、缺斤短两、无证无照经营、无票或变票销售成品油等违法违规行为。

续表

省市	发布时间	政策名称	重点内容
广东省	2020年9月25日	广东省发展绿色石化战略性支柱产业集群行动计划（2021—2025年）	到2025年，广东省石化产业发展质量效益再上新台阶，综合实力、可持续发展能力显著增强，在全球价值链地位明显提升，世界级绿色石化产业集群基本形成，迈入世界级绿色石化产业集群行列。

从各省市石油化工行业发展目标来看，各地方政府以石化产业绿色化发展为主要目标。其中北京、天津、内蒙古、湖北等省市自治区提出控制石化行业规模。甘肃、河南、河北均有提出石化产业具体发展规模目标（表2-3）。

表2-3 中国各省市石油化工发展目标

省份	目标	省份	目标
北京市	严控、压减石化和水泥行业能耗规模	江西省	"布局合理化、产品高端化、资源节约化、生产清洁化"
天津市	石化行业建立VOCs控制体系	福建省	重点推进"两基地一专区"大型石化项目建设，提高炼化一体化水平

续表

省份	目标	省份	目标
河北省	到2025年，全省石化产业营业收入达到6500亿元	湖北省	严格执行环境准入制度。禁止在合规园区外新建、扩建钢铁、石化、化工、焦化、建材、有色等高污染项目
辽宁省	全面建设大连、盘锦世界级石化产业基地	黑龙江省	大力开展石化装备的研制
山东省	高标准、高质量建设裕龙岛炼化一体化项目，打造世界级高端石化产业基地	河南省	到2025年，建成全国重要的5000亿级现代化工产业集群
江苏省	承接全省沿江石化产业转移，促进产业转型升级发展，建设国际一流的大型石化产业基地	内蒙古自治区	推进钢铁、石化、建材等行业绿色化改造
上海市	严格控制石化产业规模，推进杭州湾石化产业升级	甘肃省	到2025年，力争石化工业产值达到2000亿元，形成千亿级产业集群
浙江省	在严格控制能耗强度的基础上，争取对符合国家"六大领域""四个条件"的重大项目实施能耗单列	宁夏回族自治区	保障我国石化产业安全，促进石化原料多元化

（四）国内石化行业绿色发展技术现状

自 2020 年以来，受新冠肺炎疫情的影响，全球经济正承受着巨大的考验，石化行业也面临复杂多变的挑战。行业发展存在明显的不确定性，石化行业市场的回暖尚需较长时间。未来石化行业产品将朝着原料多元化、产品需求差异化、营销电商化、产业绿色低碳化和产业智能化等方向发展。石化行业绿色发展技术同样取得一系列进展。

1. 石油化工技术进展与趋势

石化行业既是原材料工业，也是能源工业。原料可以是石油、天然气、煤炭等化石燃料，也可以是生物质能、可再生能源，生产烯烃、合成树脂等诸多产品。

（1）低成本石化生产技术

石化行业以烯烃为原料，可以向下衍生出一系列产品。在低成本化生产的驱动下，繁衍出很多生产烯烃的技术，2020 年进展比较突出的有原油直接裂解制烯烃、芳烃技术以及甲醇制烯烃（DMTO-Ⅲ）技术等。

<u>原油直接裂解制烯烃和芳烃技术</u>

近年来，以降低成本为主旨的原油直接裂解生产化工品的技术方兴未艾，主要研究方有埃克森美孚公司、沙特阿美公司、沙特基

础工业公司和中国清华大学等，2020年该类技术和商业上都取得较为显著的进展。

埃克森美孚公司原油直接制取烯烃工艺（Crude Oil-to-Chemicals，COTC）省略了炼油过程，将原油直接供给裂解装置。裂解装置不仅可以加工轻质气体，也可以处理经过预处理后的比石脑油和液化石油气等轻质原料更重的原料。该工艺可以大大降低原料成本、装置能耗和温室气体排放。据估算，该工艺（采用布伦特原油作原料）生产乙烯的成本比石脑油路线低约每吨160美元。2014年1月在新加坡裕廊岛建成的原油直接制烯烃装置产能为100×10^4 t/a，是全球首套采用原油直接制取烯烃的商业化运营装置。埃克森美孚公司在惠州大亚湾石化区正在建设一套120×10^4 t/a的原油直接裂解乙烯装置，预计2023年将建成投产。

沙特阿美公司和沙特基础工业公司联合开发的原油直接制取烯烃工艺也在中东取得代表性进展。该工艺将原油直接送往加氢裂化装置，脱硫后先分离出较轻质组分，将其送到传统的蒸汽裂解装置进行裂解，而较重组分进入深度催化裂化装置进行最大化烯烃生产。该工艺的原油转化率将近50%。尽管采用该技术的原油直接制烯烃项目还未投入生产，但已有数据表明，该工艺成本或比石脑油裂解每吨低200美元。

2020年9月，清华大学魏飞教授团队与沙特阿美公司合作开发的平推流式下行床原油直接裂解生产轻烃技术取得了重大进展，该工艺以多级逆流下行式反应器为核心，化学品收率可达70%—80%。

该技术原料适应性广，有助于解决重油催化裂解产品收率低、焦炭高、干气量大等问题。主要创新突破：第一，攻克了高效专用的催化剂制备技术，研发出具有完全自主知识产权的多级逆流下行式反应器，并完成了 10 kg/h 的全流程试验。第二，完成了下行床反应器的百万吨级的工业试验，并在韩国完成了 120×10^4 t/a 的工业示范。未来这一技术将有助于大型炼厂跨越成为高效化工型炼厂，助力石化行业技术进步和产业升级。

第三代甲醇制烯烃技术

2020 年 11 月，由中国科学院大连化学物理研究所自主研发的第三代甲醇制烯烃（DMTO-Ⅲ）技术在北京通过了中国石油和化学工业联合会组织的科技成果鉴定。科研人员在对甲醇制烯烃反应机理和烯烃选择性控制原理进一步深入认识的基础上，研制了新一代甲醇制烯烃催化剂，开发了新型高效流化床反应器，完成了中试放大试验，研发了 DMTO-Ⅲ 技术，最终形成了可采用非石油资源来生产低碳烯烃的甲醇制烯烃技术。

2020 年，该技术已建成 5000 t/a 的催化剂生产线并成功实现工业化生产。新一代甲醇制烯烃催化剂兼顾已有工业装置和新技术开发需求，已在多套 DMTO 工业装置中实现应用。专家在现场对中试装置进行了 72 h 连续运行考核，结果甲醇转化率为 99.06%（质量分数），乙烯和丙烯的选择性为 85.90（质量分数），吨烯烃（乙烯+丙烯）甲醇单耗为 2.66 t。

与当前已经工业化的技术相比，DMTO-Ⅲ 技术的经济性有显著提高。单套装置甲醇处理能力大幅度增加，而且由于不设 C4 以上组分催化裂解反应器，其甲醇原料单耗与第二代甲醇制烯烃技术基本相同，单位烯烃产能的能耗可明显下降。

（2）合成树脂生产技术

合成树脂、合成橡胶和合成纤维三大合成材料主要是以石油、煤和天然气为原料生产的。其中，合成树脂作为世界上最重要的石化产品之一，2020 年除了不断开发和优化生产新工艺，在茂金属催化剂和产品回收技术方面都取得很大进步。

茂金属聚乙烯催化剂及系列新产品开发

新冠肺炎疫情使全球熔喷料需求加大，降解法生产熔喷料有残留、味道大。生产高品质聚丙烯熔喷料迫在眉睫。2020 年 10 月，中国石油天然气股份有限公司石油化工研究院在成功完成了 2 种茂金属催化剂工业试验后，又开发出高等规度、窄分布的茂金属超高熔体质量流动速率聚丙烯（mUHMIPP），产品技术性能达到指标要求。

据科研团队介绍，茂金属催化剂可以通过氢调法直接聚合得到熔喷料，同时也可以生产其他高性能的新产品。科研团队在超高分子量聚丙烯（mUHMWPP）工业试验成功后，打通淤浆法本体聚合工艺流程，使用 MPP-S01 茂金属催化剂体系得到 950 kg 超高分子量聚丙烯产品，催化剂单小时活性超过 3500，产出的超高分子量聚丙烯产品重均分子量大于 1×10^6 且分子量分布小于 3，产品等规度大于 99%，材料性能指标超过预定目标值，重复性聚合试验效果良好，共计得到 2.5 t 超高分子量茂金属聚丙烯产品。科研人员还利用 MPP-S02 催化剂体系高氢调敏感性的特点，进行了多釜丙烯聚合氢调聚合物分子量试验，催化剂单小时活性超过 3000，通过精细调节聚合釜内 H_2 分压，又成功开发出 3 款 mUHMIPP，熔体流动速率分别为 380 g/10 min、1600 g/10 min、6200 g/10 min，共计得到超过 1 t 超高熔指茂金属聚丙烯。突破和创新点：第一，MPP-S01 和 MPP-S02 茂金属催化剂体系具备准 $-C_2$ 对称性结构，实验室完成公斤级制备，是中国首创新型茂金属等规聚丙烯（iPP）催化剂体系。该催化剂体系具有活性中心寿命长，耐温性能好，氢调敏感性高等特点。第二，该茂金属催化剂体系，不但可以生产 mUHMWPP，还可以氢调法制备 mUHMIPP，是茂金属等规聚丙烯产品的优良催化剂体系。第三，mUHMWPP 是全球首个茂金属超高分子量聚丙烯工业产品。在超高强度膜材料、耐高温锂电池隔膜材料、特种纤维材料、医用材料、以及尚待开发的特殊应用领域等有巨大的应用前景和市场潜力。

茂金属催化丙烯直接聚合制备出的熔喷纺丝聚丙烯材料，解决了中国高级卫生防疫聚丙烯无纺布材料市场短缺的问题。这次工业试验成功，为中国茂金属催化剂技术和茂金属聚烯烃新材料进入世界一流水平打下了坚实基础。

通过酶回收 PET 塑料的技术

聚对苯二甲酸乙二醇酯（PET）是一种应用广泛的合成树脂产品，也是制造塑料瓶的主要原料。法国 Carbios 公司于 2020 年 1 月宣布开发了一种可以使用酶回收PET塑料的新工艺，该工艺可以将彩色瓶子制造成透明瓶子。

传统的热机械回收方法不能用于回收有色、不透明、黑暗或复杂的塑料，而这些塑料通常最终会进入垃圾填埋场或焚烧炉。PET再循环工艺只能将其降级应用于纤维等，制造新的塑料产品，且比例较低。而Carbios公司的工艺使用生物催化剂（一种酶），经过设计和优化，可以无限回收PET塑料，如瓶子、包装和PET聚酯纤维，通过塑料废物的酶促进生物再循环生产出第一批用100%纯化对苯二甲酸（rPTA）制成的PET瓶。在此过程中，将塑料废物、水和特制酶一起放入反应容器中，在65℃下加热16 h，经过过滤和净化过程，回收构成PET塑料的单体，即PTA（精对苯二甲酸）和MEG（单乙二醇），然后将它们重新聚合成原始PET并转化成瓶子，整个过程不再需要使用新的化石资源作为原料。在整个工艺过程中，PTA和MEG可以从PET的解聚中完全回收。所有添加剂和颜色都是在固体形式的过滤和纯化过程中提取的。在示范生产线中，部分水（特别是蒸汽）可在过程中重复使用。剩余的废水经过净化后，可以在传统的废水处理厂进行处理。Carbios公司就该工艺在法国建立了示范工厂。

2021年年初，示范工厂将全面投入运营，通过将技术授权给PET或PTA生产商，计划2023年建成一个全面的运营工厂，预计产能可达20×10^4 t/a。Carbios公司的生物再循环工艺被认为是将PET塑料和纤维完全解构为其单体的颠覆性技术。这些单体可以重复用于生产新塑料，促进循环经济，不会降低质量。

（3）绿色化工与环保技术

绿色化工与环保技术是在现有化学工程技术的基础上，通过优选反应原料、改进反应流程等方式，达到减少产生化工废弃物及排放污染物的要求。2020年比较突出的是基于废气处理技术的进展。

高效节能的胺基气体处理技术

巴斯夫公司和埃克森美孚公司联合推出的一项高效节能的胺基气体处理技术（OASE sulfexx），采用了新开发的专有胺基溶剂，可以达到选择性脱除 H_2S、最大限度降低气体物流中对 CO_2 的共吸收目的。该技术不但可以保证炼厂和天然气厂的环保要求，还可以提高产能、降低成本。优于传统胺基气体处理装置，新装置可以降低设备规模、减少初始投资成本。经过多次中试装置和工业实践表明，该技术的 H_2S 选择性优于甲基二乙醇胺（MDEA）配方，甚至超过埃克森美孚公司的 FLEXSORB SE 及 SE Plus 溶剂。该技术为克劳斯尾气处理装置、高压酸气脱除和酸气浓缩装置提供了良好的解决方案，可大幅降低产品中 H_2S 体积含量，并减少 CO_2 的吸收，达到未来排放标准。

新型温室气体干重整催化剂

CH_4 和 CO_2 等温室气体的干重整需要使用含贵金属（例如铂和铑）的催化剂，成本较高。若替换成传统的镍基催化剂，又易形成积炭，并且在镍金属面上形成表面碳纳米粒子，改变了催化剂的组成和几何结构，导致失活。韩国科学家开发一种新型的催化剂，可将温室气体干重整为可用于 CO、H_2 和其他化学品。该催化剂由廉价而丰富的镍、镁和钼制成，可引发并加快 CO_2 和 CH_4 转化为 H_2 的反应，有效催化时间超过 30 d。

针对大量催化剂表面的活性位点缺乏控制的特点，研究人员在单晶 MgO 存在的还原环境下，在活性气体中加热制备镍、钼纳米粒子。纳米粒子在空白 MgO 晶体表面移动寻找锚点，封闭活化催化剂自身的高能活性位，并永久固定纳米颗粒的位置，这样镍基催化剂将不会积炭，而且表面镍颗粒也不会互相结合。研究人员将这种催化剂称为单晶边缘纳米催化剂。镍微粒连续地与晶体阶梯边缘结合，覆盖了参与积炭的 MgO 表面高能中心，镍颗粒尺寸不再增大，因此，催化剂不会发生积炭，使干重整反应均匀可控。这种经济耐用的催化剂，对迈向碳循环经济具有很高的现实意义。

2. 石油炼制技术进展与趋势

近年来，石油炼制领域主要呈现加工能力不断增长、产品结构持续调整、油品标准快速升级、能源资源高效利用、生产经营清洁绿色等特点，油化结合和智能化发展已成为石油炼制行业发展大势。

（1）清洁燃料生产技术

烯烃定向转化（CCOC）技术

中石油围绕国Ⅵ汽油质量升级开展联合攻关，研发了深度降烯烃的烯烃定向转化（CCOC）工艺技术及配套烯烃催化剂，开辟了新型降烯烃反应模式，成功破解了降烯烃和保持辛烷值这一制约汽油清洁化的科学难题。在庆阳石化、兰州石化等企业已成功实现工业应用，油品质量满足国ⅥA和国ⅥB车用汽油标准。根据研究团队介绍，该技术主要创新点：第一，通过对催化汽油不同馏程下的烯烃分布分析和可裂化性能评价研究，开发了高烯烃催化汽油分子在催化剂上优先吸附裂化反应技术，强化烯烃分子的动力学反应，达到降低汽油烯烃的目的。第二，通过采用硅铝羟基聚合反应控制及酸性位定向引入技术，低成本合成大孔酸性载体材料，辅以离子配位改性技术，经减活处理后的材料比表面积保留率由20%提高到85%。第三，通过降烯烃工艺和降烯烃催化剂的组合应用，催化混合汽油烯烃含量下降3.3%，汽油研究法辛烷值（RON）不降低，成品汽油烯烃含量下降2%，干气和焦炭产率增加小于0.3%，解决了降烯烃与RON下降的矛盾。

柴油吸附分离技术

由中石油昆仑工程公司与中海油天津化工研究设计院共同开发的柴油吸附分离技术，在山东滨化滨阳燃化有限公司40×10^4 t/a工业示范装置成功应用，标志着首套柴油吸附分离技术工业应用取得成功。根据研究团队介绍，该技术主要创新点：第一，实现了专有柴油馏分吸附分离工艺、专有高吸附容量吸附剂、吸附分离专利格栅装备、吸附分离专用控制系统等4项重大技术创新，形成特色鲜明的油品分质加工平台级成套技术。第二，该技术有机衔接了炼油、芳烃、烯烃和高端化工品领域，为下游产品加工路线选择开辟了空间，使上下游加工流程更加优化、更有弹性，高度契合了炼化产业发展趋势。

（2）劣质原油加工与高效转化技术

劣质原油加工与高效转化技术

由德希尼布美信达公司（TechnipFMC）开发的最大化生产丙烯催化裂化（propylene maximization catalytic cracking，PMCC）技术取得了较大的进展。PMCC工艺具有较强的灵活性和更高的丙烯产量，可用于处理较重的原料，该工艺的反应－再生系统。PMCC工艺有2种反应模式：模式①以获得高丙烯和汽油产量为目标；模式②以生产高丙烯和乙烯为目标，但汽油产量相对较低。相对于提升管终止装置，在操作过程中，通过改变反应器内的床层高度，可以很容易地切换操作方式。为增加丙烯产量，通过专有的"蘑菇分布器"提升管终止装置，将烃类蒸汽很好地分布到反应器床中，确保这些蒸汽在反应器床中有足够的停留时间，以进一步裂解并促进烯烃的产率，特别是丙烯和乙烯。单级或两级再生取决于原料类型。对于康氏残碳（CCR）质量分数小于3%的蜡油，一般采用单级再生，两段再生则主要用于高金属含量的渣油原料。

PMCC技术还可以根据原料质量和加工目标来选择是否增加单独的第二提升管，新提升管对回收的轻石脑油（LCN）进行裂化。因为如果LCN与新原料一起被送入主提升管，主提升管的ZSM–5

添加剂更容易将 C_7-C_{10} 烯烃裂解成液化石油气（LPG），从而导致烯烃收率降低。在单独提升管中处理 LCN 可以灵活地提升裂解度，以满足生产目标组分所需的剂油比、温度和停留时间。技术的另一个显著特点是使用了专用的高产丙烯催化剂，一般情况下，为使丙烯和FCC 汽油研究辛烷值（RON）最大化，所选的催化剂可以生成并保持高碳烯烃的最高产率，以便进一步通过 ZSM-5 添加剂裂解成丙烯。

在使用相同原料的条件下，PMCC 技术的丙烯收率比传统多产丙烯催化裂化技术高 60%—80%。在相同转化率下，PMCC 工艺催化剂的丙烯选择性更高。此外，PMCC 技术产生的焦炭更低，催化油浆更少。与常规汽油 FCC 相比，该技术可为炼油企业带来更高的运营利润，基于 2020 年东南亚产品和原油定价进行分析，相当于模式①的 1 美元/bbl，模式②的 2.60 美元/bbl。采用 PMCC 技术的炼油厂每加工一单位原油的丙烯含量就可达 7%。该技术将成为炼化一体化的关键支柱之一。

劣质重油高效催化裂解（RTC）技术

催化裂解是对重质油进行高温催化裂解生产丙烯、乙烯等低碳烯烃，同时兼产高辛烷值汽油。该技术的最大痛点在于不可直接加工劣质重油。2020 年 9 月，中石化自主研发的劣质重油高效催化裂解（RTC）宣布开发成功，该技术以劣质重油为原料生产丙烯、乙烯及高辛烷值汽油，破解了利用劣质重油生产丙烯、乙烯的世界难题，与国内外重油催化裂解（DCC）技术相比，RTC 技术具有更好的乙烯、丙烯选择性和更低的焦炭选择性。根据研究团队介绍，该技术主要创新点：第一，基于对催化裂解过程反应化学、过程强化以及加氢渣油分子水平的新认识，开发了结构独特、可控性优异的反应器，使得以往无法加工的劣质重油得以从容加工。第二，结构独特的反应器使得生产的反应过程选择性大大提高，不仅可提高乙烯和丙烯产率，同时降低焦炭产率，提升了汽油品质。2020年1月，RTC技术在中石化安庆分公司 65×10^4 t/a 催化裂解装置上一次开车成功，在高掺渣比原料情况下，产物中的乙烯和丙烯产率比现有工艺分别提高0.5%和2%以上，焦炭产率下降0.5%，同时汽油烯烃含量也明显降低、辛烷值有所提高，展示了RTC技术良好的工业应用效果。RTC工业试验期间，反应温度首次达到583℃，装置极限卡边操作；首次实现原料油上下喷嘴在线无扰动切换；首次实现新型再生剂冷却器在线投用。相较于现有工艺，RTC技术在采用掺混不同比例的劣质重油为原料时，加工每吨原料可增加效益65元—105元，为炼化企业带来显著的经济收益。

RTC技术的成功开发，不仅拓宽了石油化工行业生产烯烃的原料来源，而且还具有更好产品选择性和产品性质，实现了重质原油的高值化利用。与DCC技术相比，RTC技术不仅提高了液化气产率，而且提升了液化气中的丙烯浓度和干气中的乙烯浓度，焦炭产率明显降低，并同时改善了汽油性质。

俄罗斯渣油加氢技术

俄罗斯原油（以下简称俄油）属于含硫中间基原油，杂质含量较高，加工难度大。2020年中石油自主研发的俄罗斯渣油加氢技术已在大连石化成功实现工业应用试验,将为锦州石化、锦西石化和吉林石化等增炼俄油、转型升级提供有力技术支撑。根据研究团队介绍,该技术主要创新点:第一,分析了俄罗斯渣油中硫、氮和沥青质等化合物的分子结构特点,发现氮化物和稠环类化合物分子量偏高、高不饱和度杂原子化合物丰度高是造成俄油加氢脱氮率和残炭转化率低的原因,提出了强化脱氮催化剂加氢饱和性能实现深度脱氮、脱残炭的技术思路。第二,创新活性组分与浸渍助剂相互作用的调控方法,增加 II 类加氢活性相的比例,优化 B 酸/L 酸比例,提高了催化剂的加氢性能和抑制结焦能力,实现深度脱氮脱残碳和长周期之间的协调统一,各项产品性质均满足设计要求,催化剂寿命预计超过设计值 30%。第三,构建俄罗斯渣油加氢转化反应网络,定制开发了俄罗斯渣油加氢提温模型,实际温度与预测值偏差小于 1%,精准指导工业运转,为装置安稳长满优运行提供保障。

(3)生物燃料生产技术

植物油转化为柴油的 Ecofining™ 技术

Ecofining™ 是意大利埃尼集团(Ente Nazionale ldrocarburi,ENI)开发的将植物油转化为柴油的新技术,该技术采用催化加氢技术将植物油转化为绿色柴油,旨在减少燃料产生的温室气体排放,产品十六烷值可达 80 左右,也可作为一种调和组分,提高现有柴油燃料的性能,扩大柴油池的来源。该技术的主要创新点:第一,低排放。采用 Ecofining™ 技术生产的绿色柴油与传统石油基燃料相比，可减少85%的温室气体排放量。第二，高性能。产品的十六烷值可达80左右，且不含氧原子，因而稳定性更佳，且具有更优异的冷温流动性能，可直接替代柴油，也可作为调和组分提升柴油性能。ENI公司对400×10^4 t/a炼油能力的威尼斯炼厂进行改造，采用Ecofining™技术，生产能力约35×10^4 t/a。该公司还计划在525×10^4 t/a的Gela炼厂新建75×10^4 t/a的同类装置。

塑料废弃物转化为柴油的新型催化剂

特种化学品公司科莱恩集团研发的新一代加氢脱蜡催化剂，通过与杜斯洛旗下研究所VUCHT合作，已成功将塑料废弃物转化为优质的低凝点柴油。该技术的主要创新点：第一，开发的工艺可在超过300℃的高温下通过热降解将塑料转化为液态油。第二，VUCHT研究所开发了一项专利技术，可将液态油进一步转化为高品质的低凝点柴油，符合欧VI燃油排放标准。第三，为满足北极地区的耐低温需求，VUCHT选用了科莱恩的加氢脱蜡催化剂HYDEXE，该催化剂适合于柴油等中间馏分油原料的改质，生产的柴油可在-34℃的超低温环境下保持低温流动特性。目前，该技术已在斯洛伐克一家工厂成功进行工业试验，VUCHT也正计划将该技术方案应用到一家40 t/a低凝柴油示范工厂。

3. 油气储运技术进展与趋势

（1）管道安全管理技术进展

油气管道会随着使用年限的增加而影响其正常运行，甚至事故频发，严重的还会造成生命财产的重大损失。油气管道安全管理对于保证管道安全平稳运行具有重要意义。

管道监控和保护解决方案

PipePatrol 科隆公司（KROHNE）为油气管道管理提供的 PipePatrol 方案，涵盖所有操作条件下的管道监控和保护，包括管道泄漏检测、管道被盗检测、管道应力监测、管道破损检测、管道气密性监测、批次跟踪、泵监测和预测建模等。其中比较特别的是，泄漏检测模块基于 PipePatrol E-RT^{TM}（扩展实时瞬态模型），能够识别所输送的液体或气体，并进行泄漏检测和定位；预测建模模块能够预测管道运行状态（例如未来 24 h），确定潜在隐患。此外，科隆公司还为管道管理提供工程、运营和维护服务，以满足管道运营商的需求。台塑石化股份有限公司在其 144 km 长的航空煤油管道应用了 PipePatrol 软件的泄漏检测模块，在几分钟内就检测并定位了直径仅为 3 mm 的泄漏点。

基于监测数据的地质灾害地段管道定量评估方法

"Just Surviving Wrinkle"分析法是一种集成应变仪、在线检验等多种监测手段与应变－变形关联有限元分析的后屈曲失效分析方法，由加拿大 Enbridge 公司开发。这种方法通过对监测数据进行统计预测，结合有限元分析模拟，更好地预测穿越不稳定斜坡的管道可能出现的因压缩应变产生的屈曲褶皱，以证明管道在滑坡灾害下的安全性。"Just Surviving Wrinkle"分析法已成功应用于加拿大多条油气管道，并可应用于任何由压缩应变导致管道故障的情况。

管道完整性管理软件 PIRAMID

管道完整性管理是全球油气行业认可的管道安全管理的先进手段，新版管道完整性管理软件 PIRAMID4.5.11 是一款基于管道风险和可靠性的软件，可提供定量的模型评估、完整性评价和维护计划。PIRAMID 软件考虑了包括管道内外部腐蚀、焊缝裂纹、凹陷等管道缺陷和岩土灾害、暴风雨、地震等自然灾害在内的管道主要威胁形式，可计算及时后果、长期环境后果和业务影响。该软件还可对管道缺陷测量数据进行模拟，制定明确的维修时间，提高维检修效率。此外，用户还能进行模拟维护方案的制定，通过修改完整性维护措施计算运维成本和风险，并基于风险可靠性阈值、成本优化或成本效益比得出最佳维护计划。

（2）管道检测技术进展

管道在管材制造、焊接、运输、输送介质过程中容易造成各种缺陷，影响使用寿命。对管道进行定期检测，排查管道缺陷和存在隐患，及时进行维护维修，是保障管道安全运行的必要手段。

管道内检测技术进展

①漏磁在线检测设备。美国 TD Williamson 公司设计了一种在线管道检测设备，设备采用 SpirALL 磁通量泄漏（SMFL）技术。SMFL 技术克服了轴向在线检测高分辨磁通量泄漏（MFL）技术在检测管壁和环焊缝中仅限于轴向缺陷方面的局限性，检测器内部充磁机可产生螺旋形或横向磁场，实现 100% 的管壁磁场覆盖率，同时

能够实现区分不同类型的裂纹缺陷类型和不同焊接技术等。该设备已在数千公里的管道检测中得到了成功验证。

②裂纹检测技术进展。管道超声波检测和完整性服务供应商爱尔兰 NDT Global 公司宣布了管道裂纹检测技术方面的两项重大进展：一是 UCx 技术突破了裂纹深度的限制，使得裂纹检测不再受裂纹深度的限制，甚至可以检测穿透管壁的裂纹。二是新的 EVO Eclipse UCx 技术首次克服了倾斜的限制，能够准确地确定倾斜裂缝的大小，例如钩形裂缝或典型的 DSAW 接缝的斜面裂缝。

③ PIPECARE 双径漏磁检测清管器。PIPECARE 双径漏磁检测器可在低压、低流量、高温、无清管器收发装置等条件下轻松检测同时含有两种不同管径的管线，而不会发生卡堵情况。PIPECARE 工具工作压力范围为 0—120 kPa，工作温度范围可从 –20—85℃，最小通孔为外径的 80%—85%。目前，PIPECARE 已成功检测了包括瑞士在内多个国家的油气管线，包括由于复杂的陆上布线和缺乏适当的清洁措施而无法清管的 3 条战略性原油输送管线。

管道外部检测技术进展

①使用涡流阵列技术的管道表面检测。油气管道表面裂纹检测更新了一种解决方案——涡流阵列技术。目前，涡流阵列技术被使用在 OmniScanMX ECA 检测器（简称"ECA 检测器"）中，进行油气管道的应力腐蚀裂纹检测、近表层裂纹检测、近表层腐蚀检测、碳钢表面检测等。ECA 检测器实现了：第一，数据采集指标中，数字化频率达到 40 MHz，采集速率为 1—15000 Hz，相比于传统表面

检测器效率更高，成本更低。第二，ECA检测器的校准方式与常规检测器完全相同，但应用提离、增益和零位调整原理，从而简化校准过程、节省时间。

②基于全聚焦成像方法的纵向焊缝检测扫描仪。新型纵向焊缝检测扫描仪AxSEAM™的创新之处在于：第一，采用全聚焦成像方法（TFM），有效提高纵向长焊缝的成像质量、识别效果和检测概率。第二，可同时采用相控阵超声检测技术（PAUT）和衍射时差技术（TOFD）进行检测，提高缺陷的检测概率和焊缝适用范围。第三，扫描仪采用专利圆顶轮设计，无需调整就可以检测不同管径管道。第四，结构简单、操作方便，可最大限度地减少调整次数，配合激光导光板，可时刻保持直线扫描，特别适合纵向长焊缝的检测。第五，搭配Olympus的新型OmniScanX3探伤仪，可以更轻松地表征长电阻焊缝中难以探测的垂直缺陷和钩状裂纹，并且可以实现远程数据采集和缺陷可视化。AxSEAM™扫描仪已获得ISO9001质量管理体系、ISO14001环境管理体系以及OHSAS18001职业健康安全管理体系的认证。

（3）管道维护技术进展

管道外表面防腐技术成熟，而内表面防腐技术难度大、发展比较缓慢。对于腐蚀穿孔严重的管道，普遍采用整体更换的方法进行维修。但这种方法工程量大、施工周期长、费用昂贵，因此不开挖的内修复技术和内表面防腐技术越来越受到青睐。

玻璃纤维预浸渍复合材料

获得专利的玻璃纤维预浸渍复合材料SynthoGlass®（简称"Syntho-Glass®材料"）通过盐水或淡水活化，初始凝固时间仅为30 min（24℃），可对不同材质的管道进行出色的快速修复，使管道恢复到原始压力等级。Syntho-Glass®材料无毒、不燃、无味，易于安装。Syntho-Glass®安装套件提供了维修所需的所有组件，用铝箔袋密封包装，可以现场使用，无需任何测量或混合即可使用。使用Syntho-Glass®材料进行管道修复是在至关重要的紧急维修情况下的多功能解决方案，可应用于腐蚀管、不规则管件以及三通等部件修复，对许多基材具有出色的附着力和良好的耐化学性。

RoCoat聚氨酯内涂层

RoCoat聚氨酯内涂层具有确保油气管道保持长期可靠的性能。RoCoat聚氨酯内涂层的优势：一是使用寿命延长至5—30倍。二是通过延长维护间隔来降低维护成本。三是出色的耐磨性，非常适合运输油砂产品。四是对钢质基材具有优异的附着力，可防止剥离。五是耐烃和耐化学腐蚀，确保与工艺流程兼容。六是极限工作温度升高。RoCoat聚氨酯内涂层已应用于加拿大阿尔伯塔省麦克莫离堡以北地区的直径为32 in（1 in=2.54 cm），管道总长度为2.1 km的油气管道，其厚度为35 mm。

（4）智能化管道技术进展

随着互联网、云计算、大数据等技术的发展与应用，油气管道建设逐步开始由数字管道向智能管道、智慧管网升级。以中俄东线为代表的新建管道工程为例，从管道的设计、采办、施工至运营阶段，按照"全数字化移交、全智能化运行、全生命周期管理"的要求全面推进。国际上，西门子（SIEMENS）、Sphera、Yokogawa等多家企业不断推出基于数字孪生技术的新兴产品并投入应用。在管道运营方面，SIEMENS开发了Pipelines 4.0智能管道方案，实现了管道的可视化、网络化、智能化管理；在风险管理方面，Sphera公司推出了操作风险管理（ORM）Digital Twin软件，利用数字孪生技术实现设备及管道的实时诊断，风险可视可控，有效提高了企业的风险管理水平；在设备预防性维护方面，Yokogawa开发了一种在线数字孪生模型，通过实时获取当前运行数据来预测设备的未来腐蚀情况，以便及时采取控制措施提高设备可靠性。

（5）天然气存储技术进展

近年来，我国油气行业发展迅速，油气消费持续增长，与此同时，天然气基础设施建设滞后、储备能力不足等问题日渐凸显，对天然气存储技术发展的需求显得尤为突出。

液化天然气储罐技术进展

①液化天然气储罐气压升顶技术。储罐气压升顶技术的主要工作原理是使用微压空气浮升技术，通过大功率鼓风机向罐内送入压缩风，让封闭拱顶下方的气量增加至容许的浮力，将罐内地面预制好的超重拱形钢质拱顶沿混凝土外罐内壁连续、安全、平稳地浮升

至罐壁顶部与承压环接合。升顶过程中需要控制升顶速度 200—300 mm/min，平衡压力保持在 110 mmH$_2$O 以上。在接近拱顶最后 1 m 内高度，需要调整降低升顶速度至 100 mm/min 左右。与常规吊装技术相比，液化天然气储罐气压升顶技术作为一种新型提升作业技术，更加适用于大型液化天然气储罐的升顶作业。同时，该技术具有施工速度快、施工成本低的明显优势，以 20×10^4 m^3 液化天然气储罐的升顶作业为例，在 1.72 kPa 压力值下进行气压升顶作业时长仅需要 80 min。该技术已应用于美国维吉公司投资的美国路易斯安那州墨西哥湾 Calcasieu 航道一期液化厂项目的 20×10^4 m^3 液化天然气储罐的升顶作业。

②薄膜型液化天然气储罐。薄膜型液化天然气储罐系统的设计基于各功能分离的原则，主要部件包括主层薄膜、次层薄膜及预制泡沫板。层薄膜的材料为 1.2 mm 厚不锈钢（304L 型），次层薄膜的材料为 0.7 mm 厚的复合材料。和常见的 9% 镍钢全容储罐相比，薄膜型液化天然气储罐能够有效提升储罐的安全稳定性、增大有效罐容、降低单方造价、缩短建造周期。以 16×10^4 m^3 的储罐为例，相同尺寸的薄膜罐可以节约投资 10%—30%、缩短建设周期 2—3 个月、增加有效容积 10%，并且具有更好的抗震性能。

储气库技术进展

①地下天然气储存设施安全管理发布行业规范。2020 年 2 月 12 日，美国管道和危险材料安全管理局（PHMSA）发布了《地下天然气储存设施（UNGSF）最终规定》（以下简称《最终规定》），规定地下天

然气储存设施中井下设施相关的关键安全要求，该规定成为美国联邦管理地下天然气储存设施的最低安全标准。《最终规定》参考 API RP 1170《用于天然气储存的盐穴储气库的设计和操作》与 API RP 1171《枯竭油气藏和含水层天然气储层的功能完整性》标准，给出了建立枯竭油气藏、含水层储层与盐穴地下天然气储存设施的最低安全标准要求，规定了地下储气库建设运行的地质评估、设计、钻井与注采开发过程中的安全要求。《最终规定》于 2020 年 7 月 23 日生效，应用于美国大约 200 个州际地下天然气储存设施，并作为地下天然气储存设施的最低联邦安全标准。

②被动式地震感应系统应用于地下储气库容量优化。WellWatcher PS3 被动式地震感应系统将传感器埋在储气库地表或者安装在井筒中，通过测量开采过程中的振幅与辐射源定位，能够获得储层的地质构造、天然气流动状态与地质力学状态等重要信息，监测储气库注气过程中产生的地震波。该感应系统能够大大降低流体流动产生的噪声，从而检测到储存过程中的微震信号，实现感应信号的实时传输，在保证安全的前提下增加储气库的产能与储存压力。

4. 乙烯生产新技术研究进展

乙烯工业是石化产业的重要组成部分。目前，国内主要依赖管式炉蒸汽裂解技术生产乙烯，蒸汽裂解工艺制乙烯的产量约占乙烯总产能的 80%，是国内乙烯生产的主流工艺。但是该技术受原料结构不合理和过程能耗高等条件限制。MTO 技术作为国内乙烯生产的重要补充技术已取得了很大进步，占乙烯总产能的17%左右，但是随着环保要求的提高，加上低油价以及技术本身乙烯/丙烯比低等因素，该技术的发展受到影响。近年来，研究人员在廉价原料利用、催化剂创新、低能耗短流程工艺开发等多个方面开展了大量工作，探索了多种乙烯生产新技术并取得了有效进展。

（1）甲烷氧化偶联制乙烯

1982年，Keller等提出的甲烷氧化偶联制乙烯（OCM）技术引起广泛关注。OCM反应式为 $CH_4+O_2 \rightarrow C_2H_6+C_2H_4+CO_x$（x=1，2）$+H_2O+H_2$。该过程是高温（>600℃）、强放热（>293 kJ/mol）过程，产物以乙烯为主，并副产 H_2，C_2H_6，CO，CO_2 等。

OCM催化剂是影响甲烷转化率和乙烯选择性的重要因素，是OCM技术能否商业应用的关键。国内外研究发现，$NaWMnO/SiO_2$ 类、ABO_3 钙钛矿型复合氧化物、Li/MgO 类和稀土氧化物类催化剂表现出较好的反应性能。$NaWMnO/SiO_2$ 类催化剂因具有较高的稳定性、转化率和选择性而成为OCM催化剂的引领者，其 C_2 单程收率在25%左右。中国科学院兰州化学物理研究所（兰化所）研制的 $NaWMnO/SiO_2$ 类催化剂具有良好的应用前景；钙钛矿型复合氧化物催化剂的 C_2 收率可达20%以上，这是由于该催化剂采用碱土金属取代了过渡金属，增加了氧空位，从而提高了催化剂的活性和选择性；Li/MgO 类催化剂结构简单，其碱金属助剂易流失、稳定性较差，C_2 单程收率一般在20%左右；稀土氧化物类催化剂反应温度较低（600—800℃），C_2 收率最高为 15% 左右。Siluria 公司开发的纳米线稀土氧化物催化剂已应用于工业示范装置。该技术反应条件温和（反应温度 500—700℃），比传统蒸汽裂解法反应温度低 200—300℃。

OCM 工艺是一种强放热过程，反应器和工艺过程的研究开发也是其商业应用的关键。固定床反应器由于结构简单、工业放大容易而首先被关注。Siluria 公司采用轴向绝热式固定床反应器，甲烷转化为 C_2 的过程发生在第一反应器中，其释放的反应热可用于第二反应器中乙烷的裂解过程。2015 年 4 月年产 365 t 乙烯的固定床 OCM 试验装置在得克萨斯州建成并正常运行。由于 OCM 反应温度高、放热量大，在固定床反应器工艺中原料的高温加热、反应过程中的大量取热势必会造成投资大、操作费用高等问题。兰化所进行了流化床 OCM 工艺研究，在反应温度为 875℃、甲烷体积空速为 7000 h^{-1}，原料中 O_2 体积分数为 15.1% 时，C_2 烃收率为 19.4%，选择性为 75.7%。在 450 h 的运行过程中，C_2 烃的收率和选择性均较稳定。流化床技术具有床内温度和浓度均匀、传热系数高、取热过程方便等特点，特别适用于强放热反应过程的等温操作，在 OCM 过程中有非常好的应用前景。

（2）乙烷氧化脱氢制乙烯

在烷烃原料中，乙烷由于其组成、结构和化学性质的相似性，最适合生产乙烯。乙烷在炼化企业干气资源中较丰富，但通常作为燃料使用，造成极大的资源浪费。乙烷氧化脱氢（ODH）制乙烯的核心思想是通过化学方法将乙烷脱氢过程生成的氢气从反应区移去，以促进乙烯的生成。乙烷直接氧化脱氢（O_2-ODH）、乙烷二氧化碳氧化脱氢（CO_2-ODH）和乙烷化学链氧化脱氢（Cl-ODH）是目前的研究热点。

乙烷直接氧化脱氢制乙烯

目前用于该过程的催化剂研究较多的主要有两类，包括铂基催化剂和混合金属氧化物催化剂（由钼、钒、碲和铌组成）。在铂基催化剂作用下，碳氢化合物和氧反应放出热量，同时引发选择性气相ODH反应。混合金属氧化物催化剂在600—650℃时具有高达65%的乙烷转化率和较高乙烯选择性，而在比较低的反应温度（360℃）下可获得90%以上的乙烯选择性。

与传统的乙烷蒸汽裂解工艺相比，乙烷O_2-ODH过程由于是放热反应以及较低的操作温度预计可节能30%以上。然而，该技术的应用也面临许多挑战。一方面，CO_x和焦炭等副产物的形成比乙烯的形成更具有热力学优势，这对催化剂的选择性提出了较大挑战；另一方面，乙烷O_2-ODH反应过程需要大量惰性气体稀释以使反应混合物远离易燃区，增加了安全风险并大幅提高了设备投资和操作费用。

乙烷二氧化碳氧化脱氢制乙烯

乙烷二氧化碳氧化脱氢制乙烯（CO_2-ODH）过程采用低成本弱氧化剂代替氧气，既可以避免燃烧有价值的碳氢化合物，也无需大量惰性气体的稀释。另外，CO_2-ODH过程利用了二氧化碳，在经济和环境方面具有很大吸引力。

乙烷 CO_2-ODH 反应温度一般为 550—850℃，乙烷在催化剂作用下发生脱氢反应生成乙烯和氢气，氢气与 CO_2 发生逆水煤气变换（RWGS）反应，从而促进乙烯的生成。反应过程包括 $C_2H_6 \rightarrow C_2H_4+H_2$ 和 $CO_2+H_2 \rightarrow H_2O+CO$。与 O_2-ODH 相比，CO_2-ODH 是一种比较新的方法，高活性催化剂仍在研究中。Cr_2O_3 基催化剂是最有效的乙烷 CO_2-ODH 催化剂，目前正在研究其载体效应和掺杂效应。除金属氧化物基催化剂外，碳化钼和双金属催化剂也曾见报道。

虽然 CO_2-ODH 利用了 CO_2 并避免了大量惰性气体的使用，但是该工艺也面临着实际的挑战。一方面，由于 RWGS 反应平衡的限制，CO_2 转化率通常较低（<50%），并且该过程生成的大量 CO 会导致下游分离成本增加；另一方面，由于 CO_2-ODH 具有高吸热性，故运营费用增加。

乙烷化学链氧化脱氢制乙烯

乙烷化学链氧化脱氢制乙烯（Cl-ODH）过程利用金属氧化物基载氧体（也称为氧化还原催化剂）的晶格氧来促进乙烷转化。乙烷 Cl-ODH 总反应与常规乙烷 ODH 相同，但由于其反应过程不需要氧气和惰性气体稀释，极大地改善了反应过程的安全环境，并降低了工艺过程投资和操作费用。乙烷 Cl-ODH 过程由两个步骤循环组成：首先，乙烷在氧化还原催化剂作用下转化为乙烯和水，同时金属氧化物被还原；然后，通入空气将金属氧化物氧化，释放热量并完成氧化还原循环过程。Haribal 等模拟结果表明，若乙烷热裂解制乙烯过程生成的氢气中有70%以上发生原位氧化反应，可以保证乙烷Cl–ODH循环中吸热和放热反应之间的热量平衡，采用Cl–ODH预计能减少82%的能源消耗和二氧化碳排放。氢的原位氧化还可以使气体产品的体积流率降低约40%，显著降低了压缩和分离负荷。尽管模拟结果表明Cl–ODH具有潜在优势，但Cl–ODH的关键在于氧化还原催化剂需具有良好的活性、选择性和稳定性。

（3）合成气直接生产乙烯

合成气生产甲醇，再由甲醇制烯烃（MTO）生产乙烯的技术已经成功应用，但是通过合成气直接生产乙烯的研究从来就没有停止过。关于合成气直接生产烯烃的研究方向主要有两种，分别采用了费托合成催化剂和氧化物、分子筛复合催化剂。合成气通过费托反应直接制低碳烯烃受反应机理限制，低碳烯烃选择性较低。催化剂的改性和优化是提高低碳烯烃选择性的传统思路，另外还可以通过工艺条件优化和工艺过程创新来实现。孙予罕等制备了$Mn-CO_2C$催化剂，在250℃，0.1—0.5 MPa的条件下可获得最高60%的低碳烯烃选择性和低至5%的甲烷选择性，烯与烷比大于30，较温和的反应条件有利于抑制甲烷生成并延长催化剂寿命，具有良好的工业应用前景。上海兖矿能源科技研发有限公司100 kt/a高温费托合成工业示范装置的产物分布中C_2–C_4烯烃选择性20%—25%，总烯烃选择性53%—60%，C_4以上α–烯烃选择性28%—30%，如果进一步提高产物中总烯烃和含氧有机物等高附加值产物的选择性，并抑制烷烃和芳烃的生成，则会更具有推广应用价值。中国专利公开了一种 Fe 系催化剂 $Fe_{100}Mn_aCr_bMg_cAl_dKeO_x$ 用于合成气直接制烯烃，特别是联产低碳烯烃和高碳 α–烯烃，CO 的转化率可达 81% 以上，最高超过 95%，总烯烃选择性高于 74%，最高可达 83%，其中，C_2—C_4 烯烃可达 40% 以上，最高可超过 47%。中国专利通过冷凝和气液分离，将合成气直接制烯烃的 C_5 以上产品分离出进行催化裂解，CO 转化率达到 90% 以上，低碳烯烃选择性 50% 以上，最高可达 75%，还可以获得 10%—20% 高芳烃汽油。

（五）国内石化行业绿色发展实践成效

2021 年石化全行业和广大石化企业深入实施绿色可持续发展战略，组织实施责任关怀，不断提升安全环保的管理水平，强化标准化支撑，全行业绿色发展又取得新成效和新进步。

1. 石化行业"十四五"绿色发展政策部署具体合理，实施性强

首先，行业规划重点突出。中国石油和化学工业联合会成立石化行业"十四五"规划领导小组，从 2019 年开展全行业、各省市和各石化企业调研，编制完成了《石油和化学工业"十四五"发展指南及 2035 远景目标》，确立了"四大战略""五个重点子行业""五大共性领域"的重点任务，连同科技创新、绿色发展、石油化工、化

工新材料、现代煤化工、园区发展等 6 个专项规划，于 2021 年初进行了视频发布，5 月又在钦州石化产业大会期间进行了重点宣贯。

其次，国家宏观规划指导性强。国家发改委、工信部等部委编制能源、原材料、化工新材料、中央企业等与石油和化学工业密切相关的"十四五"产业发展规划以及高质量发展指导意见等，都从不同层面宏观指导和政策支持石化产业的发展。

再次，专业规划细化具体。各专业协会还分别组织编写了油气行业、氮肥、磷肥、甲醇、农药、氯碱、纯碱和氟化工、有机硅、聚氨酯、涂料、染料、橡胶工业等各专业领域的"十四五"发展规划，都明确并具体细化了各专业细分领域的发展目标和具体措施。

最后，各省市规划思路清晰。各省区市、重点石化园区根据国家总体部署和产业政策，参照行业发展规划，高质量编制完成了本省、本地区石化行业的"十四五"发展规划。石化第一大省山东省，明确提出"十四五"末化工行业规模继续保持全国首位，达到 2.65 万亿元，以建设石化强省为目标，围绕炼化一体化、海洋化工、煤化工和精细化工，优化产业布局、培育石化基地，重点打造世界级绿色化工产业集群。现在的石化第二大省广东省，提出"十四五"末石化产业规模超过 2 万亿元，以工程塑料、电子化学品、功能性膜材料、高性能纤维等为重点，打造国内领先、世界一流的绿色石化产业集群。浙江省明确提出"十四五"末石化产业总规模 1.8 万亿元，将宁波（含舟山拓展区）绿色石化基地打造成为全国最大、世界级万亿产业集群，培育千亿绿色石化园区 6 个，全省炼油能力超亿吨、烯烃产能1500万吨、芳烃产能1400万吨。江苏省提出"十四五"末石化产业总规模达到1.4万亿元以上，将重点发展沿江和沿湖产业区、沿海产业区、苏北产业区"三大布局"，"十四五"末形成以连云港石化产业基地和28个化工园区为主体的发展格局。其他还有河南、辽宁、福建、海南、四川、宁夏等省区，也都相继发布了石化产业"十四五"发展规划。到2021年底，国家宏观规划、行业发展指南、各地都明确了石化产业"十四五"的发展目标、发展思路和发展重点，石化产业未来高质量发展的布局、重点和目标任务都已明确。

2. 石化行业绿色创新发展成效突出

创新是推动发展的不竭动力。石化行业和广大企业始终把创新摆在发展与全局工作的重要位置，坚持实施创新驱动战略，既配合相关部委组织好重点创新工程和技术攻关，又引导企业实施知识产权攻略、开展创新示范、主攻补短板技术。一是创新平台建设取得新进展。2021年在完成对30个行业创新平台复评认定的基础上，又新认定了产业创新中心、工程研究中心、工程实验室、重点实验室等17个行业创新平台，加大国家级创新中心的培育工作；在完成34家技术创新示范企业复审、通过31家的基础上，又从28家申报企业中新认定15家"技术创新示范企业"，13家企业获行业知识产权示范企业认定。二是科技鉴定与奖励成果丰硕。2021年组织鉴定了180项重大科技成果，评出年度科技进步奖211项、技术发明奖

30 项，青年科技突出贡献奖 14 位、创新团队奖 3 个、"赵永镐科技创新奖" 2 人，专利金奖 10 项、专利优秀奖 49 项，还首次评审"青山科技奖" 9 人；向国家推荐的科学技术奖共有 9 项成果获奖。三是国家级技术攻关和科技指南再获新进展。承担国家发改委 3 个绿色低碳技术攻关专项的组织工作，积极向国家科技部组织推荐申报 12 个领域的 21 个国家重点研发计划项目，协助工信部组织征集"一条龙"项目和技改项目，其中 2 个项目通过评审，还向工信部组织推荐了 16 个绿色化技术及改造项目；在编制并发布石化行业《年度科技指导计划》的基础上，协助工信部开展新材料首批次目录（2021 年版）、石化化工行业鼓励推广的技术和产品目录（第一批）、2021 年原材料工业 20 大低碳技术的征集和评审。还有一批陆上、深海和超深海油气勘探技术、页岩气开采技术和一批长期制约行业发展的核心关键技术获得重大突破，有些已实现产业化，有的正在工程化验证中。

3. 石化行业安全环保聚集解决突出问题，推进责任关怀不断深化

配合生态环境部完成《危险废物环境管理指南化工废盐》的制定，推动废盐的减量化、无害化和资源化；针对固体废物的科学管理，起草和制定《限期淘汰产生严重污染环境的工业固体废物的落后生产工艺设备名录》和《石油化工行业固体废弃物分类名录》，推进废酸、废催化剂、废包装物等环境管理指南以及有机硅废渣、氨碱废渣废液综合利用；做好国际履约工作，开展电石法聚氯乙烯低汞催化剂应用和无汞催化剂研发情况相关调研，并加快推进无汞触媒示范项目建设，配合生态环境部完成了《新污染物治理实施方案》的编制。

2021年新增责任关怀承诺企业和园区75家，共有699家企事业单位和70家石化园区签署了《责任关怀全球宪章》；2021年初及时发布《2020年度石化行业责任关怀报告》，组织开展"责任关怀推动碳中和路径研究"等，加强交流、提高认知，责任关怀理念正在得到越来越多的企业家认同，责任关怀正在成为全行业和众多石化企业的行动理念。通过全行业和广大企业共同的努力，石化行业和企业的规范管理和本质安全水平、绿色发展水平都进一步提升，资源利用效率不断改善，废弃物排放量大幅降低，为保障石化产业高质量发展作出了重要贡献。

4."双碳"战略引领石化行业加速绿色化演进

"碳达峰、碳中和"即"双碳"成为2021年人们关注度最高、谈论最多的词汇。对于以化石资源为原料的石化产业来说，贯彻"双碳"战略部署、研究制定切实可行的实现"双碳"目标的路径和方法、做好"双碳"相关的各项工作尤其重要。石化全行业和广大石化企业积极行动、扎实推进，认真做好行业研究、政策支撑、统计核算、人员培训、碳交易市场建设等各项准备工作。

一是宏观政策的研究与支撑。2021年初17家石化企业和园区共同发布《中国石油和化学工业碳达峰与碳中和宣言》，在认真研究制定《石化行业碳达峰碳中和行动方案》的同时，配合国家发改委、工信部等研究与起草《工业领域碳达峰实施方案》《石化化工行业二氧化碳排放达峰研究方案》；组织开展石化化工行业碳排放统计核算工作，先后对科学界定碳排放因子、重点产品固碳率标定、碳排放检测方法完善、提升统计核算标准可操作性等进行研究，扎实做好行业"双碳"的基础性工作；配合相关部委起草了炼油、乙烯、合成氨、甲醇、烧碱、电石等重点产品节能降碳改造升级实施指南。

二是突出石化特点扎实准备有序推进。结合石化产业实际、突出石化产品特点，开展炼油、乙烯、甲醇、合成氨和尿素等重点产品配额分配技术规范及碳排放基准值设定的研究，开展行业碳排放权交易相关标准和技术规范研究；加快行业低碳节能标准体系的建设，共组织了 20 多项碳达峰碳中和标准的申报，承担了 37 项行业能耗限额国家标准的整合工作；深化"能效领跑者"活动由原来的 10 个产品增加到 20 个、覆盖品种扩展到 33 个，"水效领跑者"活动共发布 11 个产品的标杆企业和指标，梳理了一批示范推广的重点节能降碳技术。

三是基础工作扎实有效。通过全行业和广大石化企业的共同努力，不仅为党中央国务院和相关部委的宏观决策和政策制定发挥了重要作用，也为《石化行业碳达峰碳中和行动方案》的发布和实施打好了扎实的基础，还与山东、内蒙古、新疆、江苏、陕西、宁夏、辽宁等多个省、自治区，为做好"双碳"工作一起研究一起推进做了充分的准备。

5. 化工行业园区管理规范提升

2021年各园区认真落实《关于促进化工园区规范发展的指导意见》和《关于全面加强危险化学品安全生产工作的意见》，践行"六个一体化"发展理念，按照"规划科学、布局合理、管理高效、产业协同、集群化发展"的原则，在标准化和规范化方面狠下功夫。

一是规划引领思路明确。按照石化产业"十四五"规划的总体部署，石化联合会专门研究编写了《化工园区"十四五"发展指南及2035中长期发展展望》，确立"十四五"期间石化园区将重点组织实施产业升级创新、绿色化、智慧化、标准化和高质量示范"五项重点工程"，依托70家重点石化基地和化工园区，重点培育环渤海湾、杭州湾、海西湄洲湾、泛大亚湾"四个沿海世界级石化产业集群"和"能源金三角现代煤化工产业集群"；随后，上海、宁波、大亚湾、南京、连云港、古雷、洋浦、宁东、泰兴、长兴岛、辽东湾、东营港、常州等一批大型石化基地和专业化工园区，都认真编写了"十四五"发展规划，明确了发展思路和重点，都确立了打造世界级石化产业基地和培育现代石化产业集群的目标。

二是智慧化工园区创建和试点示范又有新进展。受工信部委托开展了第四批"智慧化工园区试点示范（创建）"的申报与专家评审，又有17家石化园区列为"创建单位"，又有8家正式成为"智慧化工园区试点示范单位"，目前共有20家"智慧化工园区试点示范"和49家正在开展创建工作；评选出涉及安全、环保、应急等多个场景的28项智慧化工园区的先进适用技术。智慧化工园区的建设，实现了对重点产品、重点场所以及重大安全风险点和重点污染源排放的实时监测和预警，大大提升了化工园区的管理水平和本质安全水平。

三是绿色化工园区建设取得新进展。受国家发改委委托，开展第三批绿色化工园区（创建）单位申报与专家评审，有7家园区列入"2021绿色化工园区创建单位"，又有3家正式列入《绿色化工园区名录（2021年版）》，到2021年底有16家园区进入"绿色化工园区名录"，另有7家成为绿色化工园区创建单位。四是园区建设和管理的标准化加速推进。配合工信部等相关部门，组织多家石化园区认真研究编写《化工园区建设标准和认定管理办法》《化工园区开发建设导则》《化工园区中试基地建设导则》等30多项标准，其中15项已发布实施、17项正在研究和征求意见中。通过标准的研究制定和颁布实施，不仅使化工园区的规划布局和建设发展都有法可依，而且石化园区的规范化管理水平大大提升。

二、石化行业绿色发展面临的主要问题

目前，我国已经成为世界石油和化学工业大国，但还不是世界石油和化工强国。一个重要的原因就在于以高消耗、高投入、高排放为主要特征的生产方式，特别是能源资源消费和碳排放都位居工业部门前列，资源承载能力逼近极限，环境约束进一步强化，已成为制约行业转型升级的一个突出矛盾。当前，中国石化行业大宗商品产能过剩、行业的高端、差异化产品短缺的矛盾，下游化工产品仍然存在结构性短期，芳烃、烯烃类产品对进口依赖仍然很明显。可持续发展的要求，急切呼唤全行业必须尽快走出一条"绿色发展"的新路子。现阶段，中国石化行业绿色发展面临的主要问题包括以下几个方面：

1. 中国炼油产能增势延续，产能优化迫在眉睫

2021年，得益于一批千万吨级大型炼化一体化项目的持续落地，中国石油炼化行业的规模增长和转型升级驶入了前所未有的快车道。2021年，盛虹石化1600万吨/年、盘锦北燃1000万吨/年、河北鑫海800万吨/年等炼化一体化项目相继投产，同时仍有部分山东独立炼厂参与到山东裕龙岛石化项目中，整合产能共830万吨/年。此外，民营力量快马加鞭，打造炼化一体化产业链，浙石化炼化项目（一期）即将建成投产，盛虹炼化项目开工建设，中化旭阳炼化项目即将开建。主营单位谋篇布局，有序推进炼化产业布局，中科炼化、中委广东石化、中化泉州炼化（二期）等多个炼化一体化项目的建设有序推进，中国炼油行业正在向装置大型化、炼化一体化、产业集群化方向发展。2021年，中国已经建成投产了近30个千万吨级炼油基地，合计产能约占中国炼油总产能45%左右，同时，国际巨头抢抓开放红利，抢滩登陆中国炼化市场，埃克森美孚、巴斯夫等外商独资石化项目有序推进，壳牌、沙特基础工业公司、沙特阿美将与国内石化企业在炼化领域展开合作。中国炼化产业正在步入竞争多元化的大变局时代。

除此之外，炼油行业新建与整合产能持续释放，造成该行业产能供过于求的局面。在"双碳"目标下，石油行业中长期需求增长乏力，成品油需求或进入峰值前的最后增长阶段。炼油行业供过于求隐忧浮现，亟待提升产能优化。中国石化发布的《2021中国能源

化工产业发展报告》显示,"十四五"期间,中国炼化行业进入新增产能全面释放、竞争白热化时期,也是行业整合、转型升级的关键期。但此过程中,中国高技术含量的新材料和高端石化产品产能严重不足,对外依存度高,存在结构性短缺问题,促进炼化产业产能优化升级对于解决供需矛盾、促进炼化产业可持续发展具有显著推动作用。

2. 高端化工品严重依赖进口,炼化技术发展缓慢

中国炼化行业发展迅速,供应能力持续上升,市场参与主体增多,规模化和基地化布局初步形成,但在技术、装置运行水平以及高端产品开发上仍有很大的提升空间。尽管中国乙烯产能快速增长,但产品结构性问题仍然突出,高端产品和化工新材料仍依赖进口,其中高端聚烯烃产品,特别是茂金属聚烯烃、超高分子量聚乙烯、乙烯-乙烯醇共聚物等,进口量约占总进口量的四成。工程塑料的自给率约60%,性能指标优、质量稳定的聚碳酸酯、聚甲醛等产品仍依赖进口。中国炼化行业平均能耗持续下降,炼油综合能耗降幅5%,乙烯能耗降幅3%,但相较于国际先进水平,催化裂化、催化重整等能耗指标仍有较大进步空间。在节能和能源优化利用方面,与行业内领先企业相比仍有提高的潜力。

为满足日益增长的汽柴油质量升级要求,国内外开发了众多清洁燃料生产技术,汽油主要是降硫、降烯烃、提高辛烷值,柴油主要是降硫、提高十六烷值,炼化技术升级能够有效促进炼化行业的

稳定发展。但中国炼化技术的起步相对较晚，在前期发展过程中，由于国内需求以及政策等层面的差异，致使在炼化技术应用过程中存在很多弊端，在后期发展期间，炼化技术滞后于国外一些发达国家。在实际生产过程中，由于整体技术无法得到及时的更新和升级，很多生产设备缺乏创新性，能耗加大，阻碍了炼化生产效率的进一步提高。

3. 需求持续疲软，下行压力较大

从产品消费量来看，尽管目前国内能源和主要化学品市场需求下滑趋势有所缓解，但疲软局面尚未根本扭转。数据显示，2021年原油表观消费量历史首次出现下降，油气总量消费增幅仅为1.4%，为历史最低，主要化学品消费增速也只有1.5%。能源和主要化学品消费持续疲软，表明宏观经济环境仍然复杂严峻。2021年四季度行业库存较快上升，截至年末，全行业产成品资金增幅达到30.8%，创全年最高。存货资金增长26.5%，同样创全年最高，较三季度末上升8.4个百分点。9月—12月，全行业工业增加值单月已连续四个月同比负增长。

4. 市场剧烈波动，价格起伏较大

2021年10月下旬以来，主要石化产品价格大幅波动，纷纷下挫。市场跟踪显示，在46种主要无机化学原料中，11月市场均价环比下降的有15种，较上月增加了8种；在87种主要有机化学原料

中，环比下降的有58种，较上月增加了40种。硫酸、丙烯、聚氯乙烯等产品市场价格跌幅较大。市场大起大落，严重挫伤了市场信心和市场预期，干扰了宏观经济平稳运行。

5. 中小企业生存压力大，行业用工人数持续下滑

2021年全行业效益创历史新高，但增长出现分化。行业及产业链利润向资源型、头部大型企业集中，下游、中小型企业效益增长有限甚至出现下滑。尽管国家出台了纾困政策并向中小企业倾斜，但受市场环境剧烈变化的影响，中小企业仍然面临较大经营压力。根据国家统计局数据，2021年化学原料和化学制品制造业平均用工人数为325.5万人，比上年下降1.0%；石油和天然气开采业平均用工人数为55.7万人，下降3.3%。究其原因，一方面，随着双碳战略推进，石化行业加大产能退出，大力关停整改不达标生产企业；另一方面，行业智能化、自动化水平提升，减少了用工需求，也不排除部分行业经营压力较大而导致的用工需求缩减。

6. 石化行业能源资源消耗量大，节能减排任务艰巨

目前，石化行业能源消费总量位居工业部门第二。同时，资源综合利用率依然很低，合成氨、甲醇和乙烯等重点产品平均能效水平和国际先进水平相比，普遍存在10%—30%的差距。此外，石化行业污染物排放均位居工业部门前列，尤其是石油化工、精细化工、煤化工等行业的高浓度难降解有机废水、高浓度含盐废水、挥发性

有机废气、恶臭治理、危废处置等方面存在的问题十分突出，环境污染严重，减少排放和无害化处置技术要求高，污染治理长期达不到效果，治理难度加大，成为行业发展必须要下大气力攻克的难题之一。

节能环保产业是我国重点发展的战略性新兴产业，也是石化行业中的朝阳产业。与化工新材料、高端专用化学品等战略性新兴产业相比，节能环保产业起步较晚、规模较小、集中度较低、创新能力弱，特别是缺少灵活高效、符合现代产业要求的服务模式，总体服务水平比较低，制约了产业的培育和发展。此外，石化行业在面临资源与环境严峻挑战的同时，也将面临更加严格的环境保护法律法规的制约和前所未有的社会压力。

绿色发展指数篇

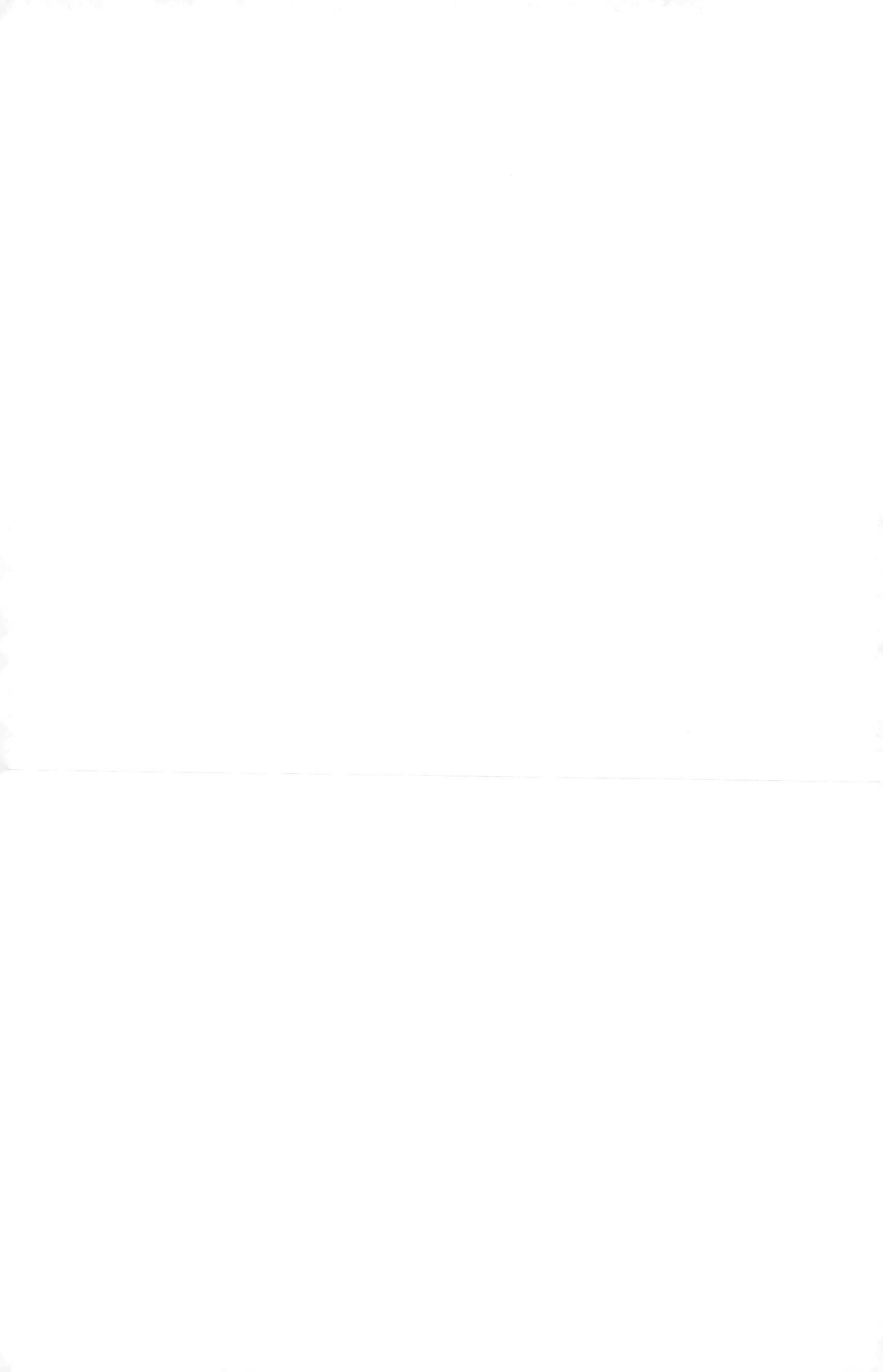

一、石化行业企业绿色发展指数的研究意义

2020年以来，新冠肺炎疫情加剧了人类对全球经济可持续发展的关注，全球区域性环保政策密集出台，发达国家不断提高绿色壁垒，逐步限制高排放、高环境风险产品的生产与使用，对我国石化行业企业参与国际竞争提出了更大挑战。我国石化行业企业需尽快转变传统的发展模式，将"绿色"与企业经营发展相结合，推行可持续发展，增强绿色竞争力。然而，要进行绿色变革，前提条件是需要全面了解和掌握我国石化行业企业自身的绿色发展现状，以及绿色发展能力水平，因此，研究设计一套科学、系统、客观，且适用于我国石化行业企业的绿色发展指数评价模型，意义重大。能够有效辅助我国石化行业企业识别和评估自身绿色发展能力以及绿色发展潜力，从而更好的支撑企业明确未来绿色发展的战略方向。

本报告研究团队探索提出石化行业企业绿色发展指数模型，以及利用该指数模型开展石化行业企业绿色发展能力评价研究工作，旨在达成如下目的：

一是服务政府和监管机构。通过对石化行业企业绿色发展能力的评价，有利于相关部门对石化企业绿色表现有更加及时、充分、全面的了解，能够更全面完整地评估企业绿色发展绩效。一方面，促进社会和经济的可持续发展，使得企业发展符合宏观经济转型方向；另一方面，有助于提前做好绿色环保风险防范的准备，降低企业环保违规的概率。

二是引导行业和企业。通过开展石化行业企业绿色发展指数的比较研究，分析并找出石化企业绿色发展切实需要改变或者有待改善的着力点，为企业绿色发展战略的制定，提供有效的决策参考。同时，力我国石化行业的绿色转型升级，为石化行业实现高质量发展、增强绿色竞争力提出建议意见。

二、石化行业企业绿色发展指数模型介绍

（一）绿色发展评价模型

通过研究和总结国内外绿色可持续发展相关理论与企业绿色发展评价实践经验，结合石化行业领域企业生产经营发展的特点，在遵循科学性、系统性、目标性、简明性和可操作性等基本原则下，本报告研究团队研究、设计并提出了一套用于评价石化行业企业绿色发展能力水平的指数模型体系。

该模型体系设置绿色管理指数、绿色生产指数、绿色增长指数三个维度的次级指数，旨在从行动管理、生产过程、经济增长三方面综合评价企业的绿色发展。从次级指数开始往下依次为二级主题和三级指标，重点关注石化行业具有特征性质的能源资源、污染物

排放、设施设备等因素，综合选取定性与定量指标，搭建了一套全面、立体、科学的石化行业企业绿色发展指数评价模型。具体指标体系如下图所示。

图 3-1　石化行业企业绿色发展指数评价模型指标体系

1. 绿色管理指数

绿色管理指数重点关注石化行业企业的绿色发展背景及战略，考察企业所处的竞争环境及企业的发展战略，确定企业是否具有明确的绿色发展意识、理念、意向、部署和行动。目标上，企业应有一个被企业内部所有人认可的、明确的绿色发展目标。管理上，企业应有一个有效、完整的组织部门来管理基于适当程序的绿色生产经营活动，应对相关决策有充分的控制权。战略上，企业应该有一个明确、可行、连贯的绿色发展战略，能真实反映其市场定位、资源效率和局限性。

绿色管理指数包含两个二级主题，分别为战略文化和社会责任，向下包括八个三级指标：绿色发展战略或文化、绿色发展政策制定情况、绿色发展目标制定情况、支持绿色发展的组织、绿色发展管理体系、绿色产业投资、相关报告发布、绿色信息披露。具体指标描述如下表所示。

表 3-1　绿色管理指数指标

主题	指标	指标说明
战略文化	绿色发展战略或文化	企业是否将绿色写入发展战略或企业文化，用以确定企业是否有明确的绿色发展理念
	绿色发展政策制定情况	企业制定符合绿色发展的企业经营政策的完整程度，相关政策包括资源减少政策、用水效率政策、能源效率政策、可持续包装政策、环境供应链政策、排放政策、员工健康与安全政策等
	绿色发展目标制定情况	企业设定明确的绿色发展目标的完整程度，相关目标包括资源减少目标、用水效率目标、能效目标和排放八目标等
	支持绿色发展的组织	企业是否建立旨在支持绿色发展的组织机构和团队

续表

主题	指标	指标说明
社会责任	绿色发展管理体系	企业建立、实施满足绿色发展的管理体系的完善程度，相关管理体系包括质量管理体系、职业健康安全管理体系、环境管理体系、能源管理体系和环境风险防控体系等
	绿色产业投资	企业是否开展相关绿色产业的投资，用以衡量企业在支持绿色发展方面的投资意愿
	相关报告发布	企业是否单独编制并向社会公众发布相关绿色发展的报告，如社会责任报告、可持续发展报告或ESG报告等
	绿色信息披露	企业向社会公众所披露的绿色相关信息的完整程度，用以衡量企业信息披露社会责任的履行情况

注：上述指标数据来自于企业官网、年报、社会责任报告等企业公开数据。

2. 绿色生产指数

石化行业是重要的制造行业，生产情况是石化行业企业经营的重要内容。绿色生产指数重点关注石化行业企业在生产制造系统和流程的绿色表现。根据企业生产加工环节和流程，企业应对生产加工生命周期全过程进行管控。从基础设施上看，石化行业企业生产应配置符合绿色要求、支持节能减排的设施设备。从生产投入上看，企业在生产过程中应做到能源资源投入的节约化、低碳化。从产出上看，企业应在提供绿色生态产品的同时，最小化对外界环境的污染物排放和碳排放，保持对生态环境的友好性。

绿色生产指数从以上几个要点出发，设置了四个二级主题，分别为设施设备、能源资源投入、环境排放和绿色产品，系统性考察企业在生产方面的基础设施支撑、生产制造系统输入和输出两端的绿色表现。向下包括了十九个三级指标，具体指标情况如下表所示。

表 3-2　绿色生产指数指标

主题	指标	指标说明
设施设备	降耗减排设施设备	企业是否配置旨在降低能源与资源消耗，减少污染物排放的专用和通用设施设备
	计量检测设施设备	企业是否配备、使用和管理能源、水以及其他资源的计量器具和装置
	污染物处理设施设备	企业是否投入并正常运行适宜的污染物处理设备，以确保其污染物排放达到相关法律法规及标准要求
	绿色建筑	企业是否建设并使用符合相关标准的绿色建筑
能源资源投入	可再生能源使用	企业是否在经营或生产过程中采用绿色低碳的可再生能源
	能源消耗总量	企业在经营或生产过程中所有经营活动包括办公、生产、运输等产生的综合能耗
	能源消耗强度	企业每单位经济量所消耗的综合能耗
	水资源消耗总量	企业在经营或生产过程中所有经营活动包括办公、生产、运输等产生的综合水耗
	水资源消耗强度	企业每单位经济量所消耗的综合水耗
环境排放	NO_x 排放总量	企业在经营或生产过程中所有经营活动包括办公、生产、运输等向外界排放的 NO_x 总量
	NO_x 排放强度	企业每单位经济量所排放的 NO_x 数量

续表

主题	指标	指标说明
	SO_x 排放总量	企业在经营或生产过程中所有经营活动包括办公、生产、运输等向外界排放的 SO_x 总量
	SO_x 排放强度	企业每单位经济量所排放的 SO_x 数量
	水污染物排放总量	企业在经营或生产过程中所有经营活动包括办公、生产、运输等向外界排放的水污染物总量
	水污染物排放强度	企业每单位经济量所排放的水污染物数量
	二氧化碳排放总量	企业在经营或生产过程中所有经营活动包括办公、生产、运输等向外界排放的二氧化碳总量
	二氧化碳排放强度	企业每单位经济量所排放的二氧化碳数量额
	保护生物多样性	企业在经营或生产活动是否存在减少生物多样性影响的行为
绿色产品	绿色产品生产	企业所生产的产品中是否有为权威机构认证的绿色生态产品

注：上述指标数据来自于企业官网、年报、社会责任报告等企业公开数据。

3. 绿色增长指数

绿色增长指数重点考察石化行业企业在发展过程中兼顾环境生态和经济增长的综合表现。一方面绿色增长指数关注企业在致力于提高绿色绩效表现方面的情况，另一方面绿色增长指数强调经济与环境的协调发展，注重经济和环境双赢的社会效果。基于第一个方面，本报告设置绿色进步主题，主要测算企业关键绿色指标的动态变化，是对企业内部绿色表现情况的动态评价。从第二个方面看，本报告设置绿色脱钩主题，是对企业绿色表现与经济表现指标增长率对比程度的策略，是对企业内部绿色表现与经济表现脱钩情况的度量。

绿色增长指数共设置了两个二级主题，分别为绿色进步和绿色脱钩，既考虑了环境表现，也考虑了经济表现。绿色进步重点考察企业在能源消耗、水资源消耗、污染物排放和碳排放等方面的进步情况。绿色脱钩同样考察以上几个维度与经济增长的脱钩程度。绿色增长指数向下包括了十八个三级指标，具体指标情况如下表所示。

表3-3 绿色增长指数指标

主题	指标	指标说明
绿色进步	能源消耗总量进步	企业当期能源消耗总量较前期能源消耗总量的变化情况
	能源消耗强度进步	企业当期能源消耗强度较前期能源消耗强度的变化情况
	水资源消耗总量进步	企业当期水资源消耗总量较前期水资源消耗总量的变化情况
	水资源消耗强度进步	企业当期水资源消耗总量较前期水资源消耗强度的变化情况
	NO_x排放总量进步	企业当期NO_x排放总量较前期NO_x排放总量的变化情况
	NO_x排放强度进步	企业当期NO_x排放总量较前期NO_x排放强度的变化情况

续表

主题	指标	指标说明
	SO_x 排放总量进步	企业当期 SO_x 排放总量较前期 SO_x 排放总量的变化情况
	SO_x 排放强度进步	企业当期 SO_x 排放总量较前期 SO_x 排放强度的变化情况
	水污染物排放总量进步	企业当期水污染物排放总量较前期水污染物排放总量的变化情况
	水污染物排放强度进步	企业当期水污染物排放总量较前期水污染物排放强度的变化情况
	二氧化碳排放总量进步	企业当期二氧化碳排放总量较前期二氧化碳排放总量的变化情况
	二氧化碳排放强度进步	企业当期二氧化碳排放总量较前期二氧化碳排放强度的变化情况
绿色脱钩	能源消耗绿色脱钩	企业当期与前期能源消耗变化情况与经济表现指标变化情况的对比程度
	水资源消耗绿色脱钩	企业当期与前期水资源消耗变化情况与经济表现指标变化情况的对比程度
	NO_x 排放绿色脱钩	企业当期与前期 NO_x 排放变化情况与经济表现指标变化情况的对比程度
	SO_x 排放绿色脱钩	企业当期与前期 SO_x 排放变化情况与经济表现指标变化情况的对比程度
	水污染物排放绿色脱钩	企业当期与前期水污染物排放变化情况与经济表现指标变化情况的对比程度
	二氧化碳排放绿色脱钩	企业当期与前期二氧化碳排放变化情况与经济表现指标变化情况的对比程度

注：上述指标数据来自于企业官网、年报、社会责任报告等企业公开数据。

（二）绿色发展指数测算

1. 指标处理

本报告所构建的石化行业企业绿色发展指数模型既包含定性指标，又包含定量指标，需要将定性指标定量化、定量指标无量纲处理，同时，部分定量指标需要利用原始数据进一步计算，再进行标准化处理。具体的数据计算与处理方法如下。

（1）定性指标量化处理

下表所示为需要定量化处理的定性指标，对所有定性指标进行0—1赋值计算处理。

表 3-4　定性指标处理方法

指标	处理方式
绿色发展战略或文化	企业如将绿色写入发展战略或企业文化个，赋值为1；否则为0
绿色发展政策制定情况	企业资源减少政策、用水效率政策、能源效率政策、可持续包装政策、环境供应链政策、排放政策、员工健康与安全政策等6个政策制定情况，制定0个为0，制定6个为1分，其余按制定政策数量在0—1范围内线性赋值
绿色发展目标制定情况	企业资源减少目标、用水效率目标、能效目标和排放目标等4个政策制定情况，制定0个为0，制定4个为1分，其余按制定目标数量在0—1范围内线性赋值

续表

指标	处理方式
支持绿色发展的组织	企业如建立旨在支持绿色发展的组织机构和团队，赋值为1；否则为0
绿色发展管理体系	企业质量管理体系、职业健康安全管理体系、环境管理体系、能源管理体系和环境风险防控体系等5个管理体系建立情况，建设0个为0，建设5个为1分，其余按管理体系数量在0—1范围内线性赋值
绿色产业投资	企业如有开展相关绿色产业的投资，赋值为1；否则为0
相关报告发布	企业如有单独编制并向社会公众发布相关绿色发展的报告，赋值为1；否则为0
降耗减排设施设备	企业如有配置旨在降低能源与资源消耗，减少污染物排放的专用和通用设施设备，赋值为1；否则为0
计量检测设施设备	企业如有配备、使用和管理能源、水以及其他资源的计量器具和装置，赋值为1；否则为0
污染物处理设施设备	企业如有投入并正常运行适宜的污染物处理设备，以确保其污染物排放达到相关法律法规及标准要求，赋值为1；否则为0
绿色建筑	企业如有建设并使用符合相关标准的绿色建筑，赋值为1；否则为0
可再生能源使用	企业如在经营或生产过程中采用绿色低碳的可再生能源，赋值为1；否则为0
保护生物多样性	企业在经营或生产活动如存在减少生物多样性影响的行为，赋值为1；否则为0
绿色产品生产	企业所生产的产品中如有为权威机构认证的绿色生态产品，赋值为1；否则为0

（2）计算指标的计算方法

本报告所构建的石化行业企业绿色发展指数指标体系中包含的计算指标，需要利用原始数据计算得到，以下为相关指标计算方法。

表3-5　计算指标计算方法

指标	计算方法
能源消耗强度	统计期内能源消耗总量/统计期内企业营业总额，越低越好
水资源消耗强度	统计期内水资源消耗总量/统计期内企业营业总额，越低越好
NO_x排放强度	统计期内NO_x排放总量/统计期内企业营业总额，越低越好
SO_x排放强度	统计期内SO_x排放总量/统计期内企业营业总额，越低越好
水污染物排放强度	统计期内水污染物排放总量/统计期内企业营业总额，越低越好
二氧化碳排放强度	统计期内二氧化碳排放总量/统计期内企业营业总额，越低越好
能源消耗总量进步	能源消耗总量增长率=当期能源消耗总量/前期能源消耗总量-1，越低越好，正数能源消耗总量增加（退步），负数能源消耗总量减少（进步）
能源消耗强度进步	能源消耗强度增长率=当期能源消耗强度/前期能源消耗强度-1，越低越好，正数能源消耗强度变大（退步），负数能源消耗强度变小（进步）
水资源消耗总量进步	水资源消耗总量增长率=当期水资源消耗总量/前期水资源消耗总量-1，越低越好，正数水资源消耗总量增加（退步），负数水资源消耗总量减少（进步）
水资源消耗强度进步	水资源消耗强度增长率=当期水资源消耗强度/前期水资源消耗强度-1，越低越好，正数水资源消耗强度变大（退步），负数水资源消耗强度变小（进步）

续表

指标	计算方法
NO_x排放总量进步	NO_x排放总量增长率＝当期NO_x排放总量/前期NO_x排放总量−1，越低越好，正数NO_x排放总量增加（退步），负数NO_x排放总量减少（进步）
NO_x排放强度进步	NO_x排放强度增长率＝当期NO_x排放强度/前期NO_x排放强度−1，越低越好，正数NO_x排放强度变大（退步），负数NO_x排放强度变小（进步）
SO_x排放总量进步	SO_x排放总量增长率＝当期SO_x排放总量/前期SO_x排放总量−1，越低越好，正数SO_x排放总量增加（退步），负数SO_x排放总量减少（进步）
SO_x排放强度进步	SO_x排放强度增长率＝当期SO_x排放强度/前期SO_x排放强度−1，越低越好，正数SO_x排放强度变大（退步），负数SO_x排放强度变小（进步）
水污染物排放总量进步	水污染物排放总量增长率＝当期水污染物排放总量/前期水污染物排放总量−1，越低越好，正数水污染物排放总量增加（退步），负数水污染物排放总量减少（进步）
水污染物排放强度进步	水污染物排放强度增长率＝当期水污染物排放强度/前期水污染物排放强度−1，越低越好，正数水污染物排放强度变大（退步），负数水污染物排放强度变小（进步）
二氧化碳排放总量进步	二氧化碳排放总量增长率＝当期二氧化碳排放总量/前期二氧化碳排放总量−1，越低越好，正数二氧化碳排放总量增加（退步），负数二氧化碳排放总量减少（进步）

续表

指标	计算方法
二氧化碳排放强度进步	二氧化碳排放强度增长率 = 当期二氧化碳排放强度 / 前期二氧化碳排放强度 −1，越低越好，正数二氧化碳排放强度变大（退步），负数二氧化碳排放强度变小（进步）
能源消耗绿色脱钩	能源消耗总量增长率 / 营业总额增长率
水资源消耗绿色脱钩	水资源消耗总量增长率 / 营业总额增长率
NO_x 排放绿色脱钩	NO_x 排放总量增长率 / 营业总额增长率
SO_x 排放绿色脱钩	SO_x 排放总量增长率 / 营业总额增长率
水污染物排放绿色脱钩	水污染物排放总量增长率 / 营业总额增长率
二氧化碳排放绿色脱钩	二氧化碳排放总量增长率 / 营业总额增长率

针对绿色脱钩指标，引入 Tapio 脱钩指数理论方法，分子为绿色表现变化指标 ΔE，分母为经济表现变化指标 ΔY，两者的比值即为脱钩指数 e，可为正数也可为负数，每种计算结果均有两种情况，需要分开讨论，具体如下表所示。

表 3-6　绿色脱钩指标解释

指标解释	数值含义
ΔE<0, ΔY>0, e<0	绝对脱钩
ΔE>0, ΔY>0, 0 ≤ e<0.8	相对脱钩
ΔE>0, ΔY>0, 0.8 ≤ e<1.2	增长连结
ΔE>0, ΔY>0, e ≥ 1.2	扩长负脱钩
ΔE<0, ΔY<0, e ≥ 1.2	衰退脱钩
ΔE<0, ΔY<0, 0.8 ≤ e<1.2	衰退连结
ΔE<0, ΔY<0, 0 ≤ e<0.8	弱负脱钩
ΔE>0, ΔY<0, e<0	强负脱钩

（3）指标数据标准化

标准化结果需符合逻辑性、客观性和最后分数有区分度等原则。本报告针对定性指标，直接采用打分赋值的方法进行无量纲处理，对于定量指标则主要采用离差标准化的方式进行无量纲处理，所采取的离差标准化为 0-1 标准化，将原始数据进行线性变换，使结果落到 [0，1] 区间，分数越高表示表现越好。转换函数如下：

$$x^* = 1 - \left| \frac{x - x_{适宜值}}{\max - \min} \right|$$

其中，x^* 为将 x 进行标准化后的值，$x_{适宜值}$ 为对应表现最好的指标值，max 为样本数据的最大值，min 为样本数据的最小值。对定量指标进行标准化的关键在于找到 $x_{适宜值}$。在样本范围内，数值与适宜值越近，得分越高。

2. 指标赋权

本报告所创建的石化行业企业绿色发展指数模型涉及到指标权重的确定，指标权重指每个评价指标在指数体系中所占的比重，体现其在整个指标体系中的重要程度。如上文所述，本报告中指标体系的二级主题实际仅为三级指标的归纳，因此，为了保证评价的客观性，暂不对各二级主题的重要程度进行进一步的评价判断，而是直接采用平均赋权法，对三个次级指数直接进行平均赋权处理，然后再向下对三级指标进行平均赋权处理，以生成具体指标的权重，如下表所示。

表 3-7 绿色发展指数指标体系权重

次级指数	二级主题	三级指标	权重
绿色管理指数（权重0.333）	战略文化	绿色发展战略或文化	0.0417
		绿色发展政策制定情况	0.0417
		绿色发展目标制定情况	0.0417
		支持绿色发展的组织	0.0417
		绿色发展管理体系	0.0417
		绿色产业投资	0.0417
	社会责任	相关报告发布	0.0417
		绿色信息披露	0.0417

续表

次级指数	二级主题	三级指标	权重
绿色生产指数（权重0.333）	设施设备	降耗减排设施设备	0.0175
		计量检测设施设备	0.0175
		污染物处理设施设备	0.0175
		绿色建筑	0.0175
	能源资源投入	可再生能源使用	0.0175
		能源消耗总量	0.0175
		能源消耗强度	0.0175
		水资源消耗总量	0.0175
		水资源消耗强度	0.0175
	环境排放	NO_x 排放总量	0.0175
		NO_x 排放强度	0.0175
		SO_x 排放总量	0.0175
		SO_x 排放强度	0.0175
		水污染物排放总量	0.0175
		水污染物排放强度	0.0175
		二氧化碳排放总量	0.0175
		二氧化碳排放强度	0.0175
		保护生物多样性	0.0175
	绿色产品	绿色产品生产	0.0175

续表

次级指数	二级主题	三级指标	权重
绿色增长指数（权重 0.333）	绿色进步	能源消耗总量进步	0.0185
		能源消耗强度进步	0.0185
		水资源消耗总量进步	0.0185
		水资源消耗强度进步	0.0185
		NO_x 排放总量进步	0.0185
		NO_x 排放强度进步	0.0185
		SO_x 排放总量进步	0.0185
		SO_x 排放强度进步	0.0185
		水污染物排放总量进步	0.0185
		水污染物排放强度进步	0.0185
		二氧化碳排放总量进步	0.0185
		二氧化碳排放强度进步	0.0185
	绿色脱钩	能源消耗绿色脱钩	0.0185
		水资源消耗绿色脱钩	0.0185
		NO_x 排放绿色脱钩	0.0185
		SO_x 排放绿色脱钩	0.0185
		水污染物排放绿色脱钩	0.0185
		二氧化碳排放绿色脱钩	0.0185

3. 评价企业选取

石化领域评价企业的限定参照申万行业分类标准，同时综合考虑企业评价指标数据的可获得性、完整性，最终选取 25 家环境及生产数据披露相对完善的中国石化行业上市公司，作为石化行业企业绿色发展指数的评价对象。本报告针对石化行业企业绿色发展指数的评价计算，仅围绕上市公司主体，不涉及相关集团公司层面。

表 3-8　25 家石化行业上市公司清单

序号	股票代码	企业名称	2021 年营业收入（亿美元）	所属领域
1	600028.SH	中国石油化工股份有限公司	4314.93	炼油化工
2	601857.SH	中国石油天然气股份有限公司	4115.72	炼油化工
3	600938.SH	中国海洋石油有限公司	387.45	油气开采
4	600346.SH	恒力石化股份有限公司	311.7	炼油化工
5	002493.SZ	荣盛石化股份有限公司	278.69	炼油化工
6	600309.SH	万华化学集团股份有限公司	229.12	化学制品
7	600688.SH	中国石化上海石油化工股份有限公司	140.55	炼油化工
8	600500.SH	中化国际（控股）股份有限公司	126.96	化学制品
9	600096.SH	云南云天化股份有限公司	99.57	农化制品
10	601233.SH	桐昆集团股份有限公司	93.09	其他石化

续表

序号	股票代码	企业名称	2021年营业收入（亿美元）	所属领域
11	600196.SH	上海复星医药（集团）股份有限公司	61.41	化学制药
12	002271.SZ	北京东方雨虹防水技术股份有限公司	50.27	防水材料
13	000553.SZ	安道麦股份有限公司	48.86	农化制品
14	600426.SH	山东华鲁恒升化工股份有限公司	41.93	化学原料
15	600989.SH	宁夏宝丰能源集团股份有限公司	36.68	化学原料
16	002601.SZ	龙佰集团股份有限公司	32.46	化学原料
17	002340.SZ	格林美股份有限公司	30.39	电池化学品
18	600160.SH	浙江巨化股份有限公司	28.31	化学制品
19	600352.SH	浙江龙盛集团股份有限公司	26.23	化学制品
20	600299.SH	蓝星安迪苏股份有限公司	20.26	化学制品
21	603737.SH	三棵树涂料股份有限公司	17.99	涂料
22	002460.SZ	江西赣锋锂业股份有限公司	17.57	电池化学品
23	002812.SZ	云南恩捷新材料股份有限公司	12.57	电池化学品
24	603867.SH	浙江新化化工股份有限公司	4.02	化学制品
25	688065.SH	上海凯赛生物技术股份有限公司	3.46	化学制品

4. 指标数据获取

本报告所构建的石化行业企业绿色发展指数模型包含定性指标、

直接定量指标（原始数据无需计算）和间接定量指标（利用原始数据进行计算）。对于定性指标，本报告通过上市公司的相关资料与报告披露进行打分赋值；对于直接定量指标，本报告进行单位统一、数据清洗等操作确保可比性和正确性；对于间接定量指标，按照指标处理方法进行计算。此外，部分评价企业的部分指标存在无法直接获取或缺失情况，本报告采用相关数据计算（如能耗采用用电量、用煤量等数据进行能量转换计算）、同类型相似规模企业数据赋值、平均值赋值、取上一年度数据等方式进行补齐。

对于信息与数据的时效性，本报告所选取的评价基准年份为2021年，即报告中所采用的相关定性及定量数据均为2021年度企业公开发布的数据。

5. 指数计算与评价

各项评价指标及数据经标准化和赋权处理后，通过对单项指标得分进行加权计算，得出各企业三个次级指数的得分，以及绿色发展指数总得分，在此基础上，再采用星级评定的方式对各石化行业企业绿色发展的能力水平进行等级评定，具体的星级评定方法如下表所示。

表 3-9　企业绿色发展星级评定方法

绿色发展指数得分	绿色发展星级评定	绿色发展表现
80＜得分≤100	★★★★★	优秀
75＜得分≤80	★★★★	良好
70＜得分≤75	★★★	较好
65＜得分≤70	★★	一般
得分≤65	★	有待提升

按照本报告所述石化行业企业绿色发展指数评价模型的总体思路和指数评价的实施流程，对所选取的 25 家中国石化行业上市公司的绿色发展指数进行计算，并根据企业绿色发展指数得分情况，对企业的绿色发展表现做星级评定，得出以下结果。

表 3-10　石化行业企业绿色发展各指数评价结果

排名	企业名称	绿色管理指数	绿色生产指数	绿色增长指数	绿色发展指数
1	中国石油天然气股份有限公司	88.13	72.29	76.11	78.84
2	中国石化上海石油化工股份有限公司	88.13	94.26	42.08	74.82
3	云南恩捷新材料股份有限公司	96.88	82.39	45.19	74.82
4	江西赣锋锂业股份有限公司	94.31	87.85	39.24	73.80
5	上海复星医药（集团）股份有限公司	86.25	92.47	41.51	73.41
6	中化国际（控股）股份有限公司	90.63	93.55	33.92	72.70

续表

排名	企业名称	绿色管理指数	绿色生产指数	绿色增长指数	绿色发展指数
7	格林美股份有限公司	93.13	82.39	39.21	71.58
8	蓝星安迪苏股份有限公司	87.50	76.85	43.24	69.20
9	宁夏宝丰能源集团股份有限公司	88.13	71.37	46.97	68.82
10	北京东方雨虹防水技术股份有限公司	77.63	92.74	31.58	67.32
11	浙江巨化股份有限公司	77.63	81.01	41.53	66.72
12	中国海洋石油有限公司	76.88	83.02	39.40	66.43
13	云南云天化股份有限公司	70.00	80.50	47.93	66.14
14	荣盛石化股份有限公司	78.88	75.23	44.02	66.04
15	万华化学集团股份有限公司	86.25	77.95	32.36	65.52
16	山东华鲁恒升化工股份有限公司	83.75	73.22	39.21	65.39
17	恒力石化股份有限公司	77.63	73.27	44.36	65.08
18	上海凯赛生物技术股份有限公司	77.00	75.10	43.06	65.05
19	中国石油化工股份有限公司	98.75	62.64	29.52	63.64
20	安道麦股份有限公司	74.50	78.33	35.00	62.61
21	浙江龙盛集团股份有限公司	67.50	78.59	40.54	62.21
22	桐昆集团股份有限公司	63.88	84.73	37.86	62.15
23	龙佰集团股份有限公司	81.38	71.66	33.00	62.01
24	浙江新化化工股份有限公司	61.38	78.92	45.54	61.94
25	三棵树涂料股份有限公司	58.75	88.54	37.49	61.60

注：指数得分根据上市公司披露数据计算，并不代表上市公司未披露的但影响指数得分的情况。

表 3-11　石化行业企业绿色发展各指数排名及评级结果

企业名称	绿色管理指数排名	绿色生产指数排名	绿色增长指数排名	绿色发展星级
中国石油天然气股份有限公司	6	22	1	★★★★
中国石化上海石油化工股份有限公司	6	1	10	★★★
云南恩捷新材料股份有限公司	2	10	5	★★★
江西赣锋锂业股份有限公司	3	6	15	★★★
上海复星医药（集团）股份有限公司	10	4	12	★★★
中化国际（控股）股份有限公司	5	2	21	★★★
格林美股份有限公司	4	9	16	★★★
蓝星安迪苏股份有限公司	9	17	8	★★
宁夏宝丰能源集团股份有限公司	6	24	3	★★
北京东方雨虹防水技术股份有限公司	15	3	24	★★
浙江巨化股份有限公司	15	11	11	★★
中国海洋石油有限公司	19	8	14	★★
云南云天化股份有限公司	21	12	2	★★
荣盛石化股份有限公司	14	18	7	★★
万华化学集团股份有限公司	10	16	23	★★
山东华鲁恒升化工股份有限公司	12	21	17	★★
恒力石化股份有限公司	15	20	6	★★
上海凯赛生物技术股份有限公司	18	19	9	★★
中国石油化工股份有限公司	1	25	25	★
安道麦股份有限公司	20	15	20	★

续表

企业名称	绿色管理指数排名	绿色生产指数排名	绿色增长指数排名	绿色发展星级
浙江龙盛集团股份有限公司	22	14	13	★
桐昆集团股份有限公司	23	7	18	★
龙佰集团股份有限公司	13	23	22	★
浙江新化化工股份有限公司	24	13	4	★
三棵树涂料股份有限公司	25	5	19	★

三、石化行业企业绿色发展指数分析

（一）绿色发展指数整体分析

从 25 家上市石化行业企业绿色发展指数的整体得分表现可以看出，绿色发展指数的平均得分为 67.51 分，最高得分为 78.84 分，最低为 61.60 分，企业间得分差距相对较小，但绿色发展水平总体不高。从三个次级指数的得分分布看，各企业绿色管理指数与绿色增长指数的得分波动性较大，反映各企业在相应方面的绿色发展表现差距相对较大。

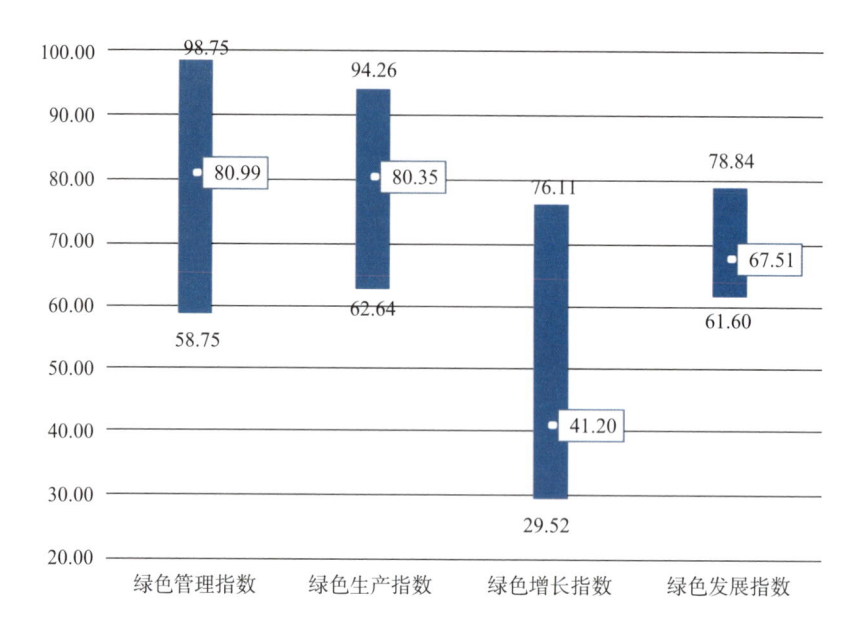

```
                98.75
100.00
                          94.26
 90.00
                                                        78.84
 80.00  ┃80.99┃    ┃80.35┃     76.11
                                           
 70.00  ┃     ┃    ┃     ┃                      ┃67.51┃
                                                     
 60.00   58.75      62.64                        61.60

 50.00
                               41.20
 40.00

 30.00
                               29.52
 20.00
        绿色管理指数   绿色生产指数   绿色增长指数   绿色发展指数
```

注：柱状图中白色标记为指数平均得分，柱状图上方为该指数最高得分，下方为最低得分。

图 3-2　石化行业企业绿色发展指数得分情况

在绿色发展表现星级评定方面，中国石油天然气股份有限公司表现相对优秀，绿色发展表现被评定为四星。包括中国石油化工股份有限公司、安道麦股份有限公司等在内的 7 家企业绿色发展表现被评定为一星，绿色发展表现有待提升。此外，绿色发展表现被认定为三星的石化行业企业有 6 家，二星的有 11 家。总体上，绿色发展表现较好及以上的企业仅 7 家，占比 28%；绿色发展表现一般或有待提升的企业共有 18 家，占比 72%。

（二）绿色管理指数分析

从绿色管理指数整体得分情况看，25家被评价企业绿色管理指数的平均得分为80.99分，最高得分为98.75分，最低得分为58.75分，标准差为10.64，各企业绿色管理指数得分的离散程度较高。从绿色管理指数得分的分布情况看，超过80分的有13家，其中有5家高于90分。但与此同时小于70分的亦有5家，其中1家小于60分。此外，与平均水平比较，共有12家被评价对象企业的绿色管理得分低于平均得分，有13家企业得分高于平均得分。

从绿色管理指数的二级主题看，在战略文化主题方面，约68%的被评价对象企业的得分超过平均分，在社会责任主题方面这一数字为60%。总结来说，所选取的评价对象企业基本属于行业内规模较大的企业，总体在绿色信息披露和披露的完整程度上表现相对较好。而在战略文化、政策目标、管理体系等绿色理念践行方面表现仍有待提高。

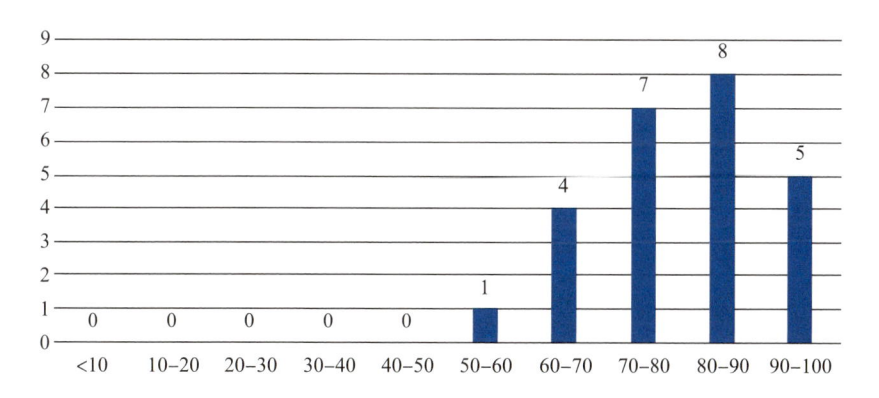

图3-3　绿色管理指数得分分布情况

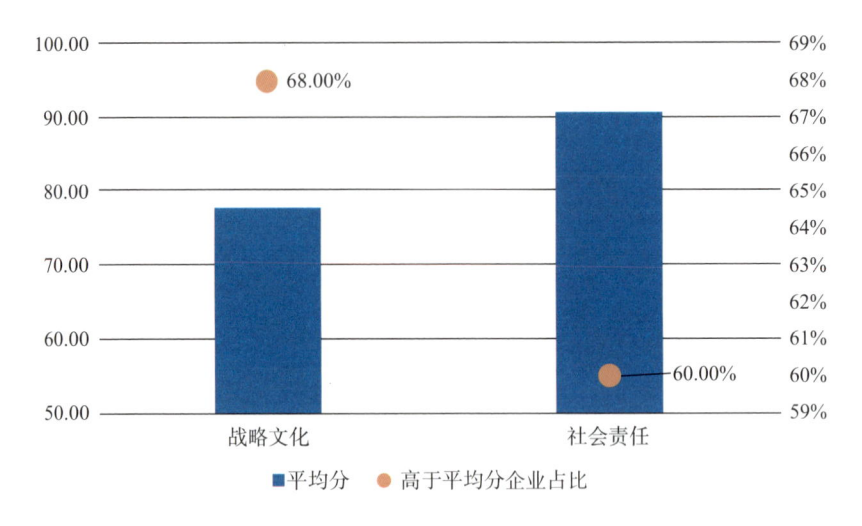

图 3-4 绿色管理指数分主题表现情况

本报告选取了营业额与市值两个经济指标来衡量被评价对象企业的企业规模，并探寻企业规模与绿色发展指数表现的关联性。下图显示了不同营业额、不同市值规模下，被评价对象企业绿色管理指数的得分差异。结果显示，企业规模（包括营业额和市值规模）越大，绿色管理指数的表现相对越好。这主要得益于更大规模的企业具备更加完善的管理制度和组织机构，承担的绿色发展责任相对较大。

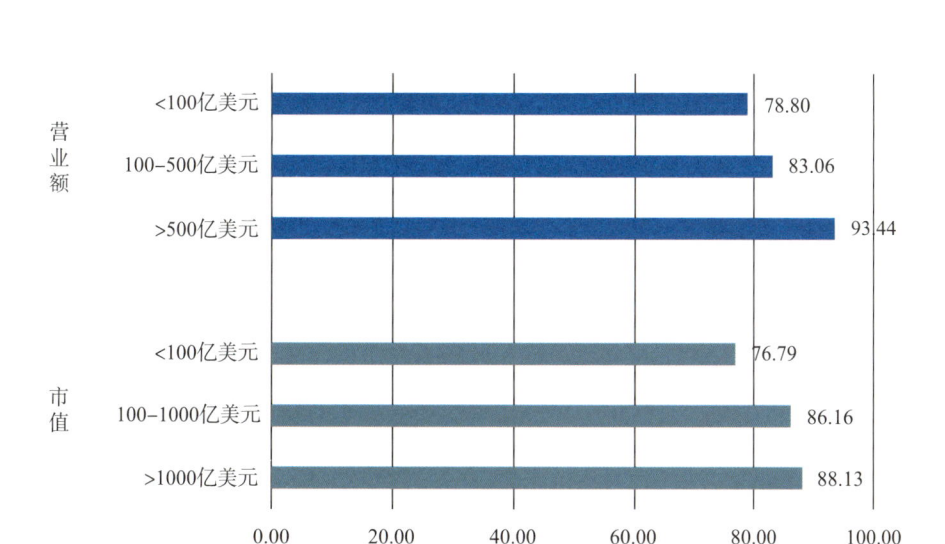

营业额	分数
<100亿美元	78.80
100-500亿美元	83.06
>500亿美元	93.44

市值	分数
<100亿美元	76.79
100-1000亿美元	86.16
>1000亿美元	88.13

图 3-5　不同规模企业绿色管理指数表现情况

（三）绿色生产指数分析

从绿色生产指数整体得分情况看，25家被评价对象企业绿色生产指数的平均得分为80.35分，最高得分为94.26分，最低得分为62.64分，标准差为7.86，各企业绿色生产指数得分的离散程度较绿色管理指数得分低。从绿色生产指数得分的分布情况看，超过80分的有12家，其中有4家高于90分。同时没有存在小于60分的被评价对象企业。与平均水平比较，共有13家被评价对象企业的绿色生产得分低于平均得分，另有12家企业得分高于平均得分。

从绿色生产指数的二级主题看，能源资源投入主题平均得分最高，为84.14分（按百分制换算），并且有36%的被评价对象企业的得分超过主题平均得分，表明对能源资源投入的表现尚可。设备设施主题平均得分排名第二，为83.00分，但仅有32%的被评价对象企业的得分超过主题平均得分，显示出企业在符合绿色发展的设施设备投入方面还有很大的提升空间，尤其在绿色建筑方面的建设投入。环境排放主题平均得分为80.23分，有56%的被评价对象企业这一主题得分超过平均分，表现高于其他三项二级主题，此外，在所有被评价对象企业中，有21家企业所生产的产品包含绿色生态产品。总体看，对于上市石化行业企业来说，在能源资源利用、绿色设备设施的投入、环境排放、绿色产品等方面表现存在一定差异。

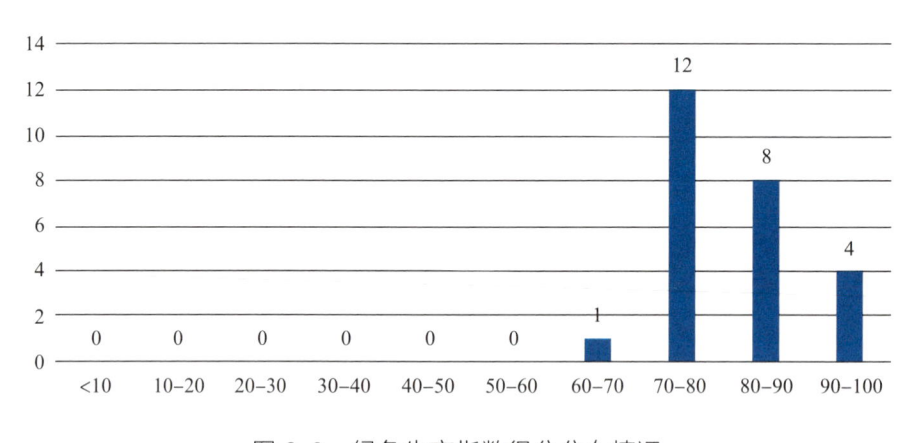

图 3-6 绿色生产指数得分分布情况

图3-8显示了不同营业额、不同市值规模下，被评价对象企业绿色生产指数的得分差异。结果显示，企业规模（包括营业额和市值规模）越小，绿色生产指数的表现相对越好。总体来说，生产规模更大的企业，能源资源消耗量、污染物及碳排放总量更大，对环境的影响更大。

绿色发展指数篇

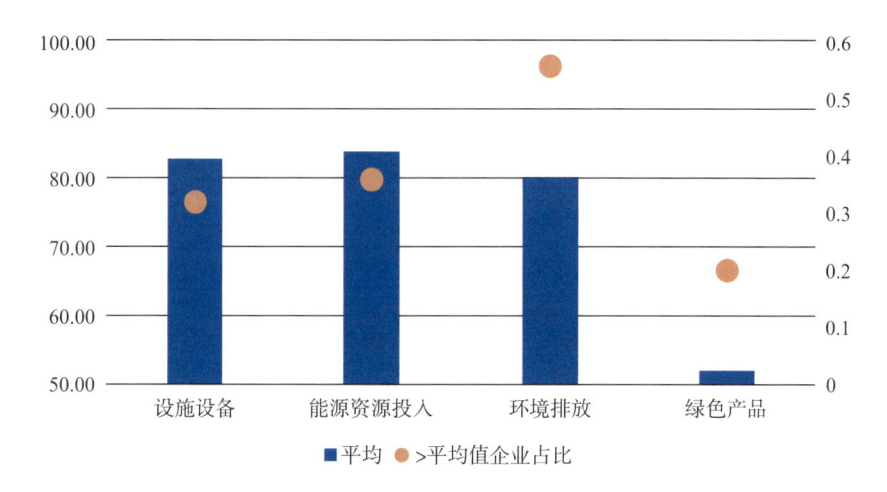

图 3-7 绿色生产指数分主题表现情况

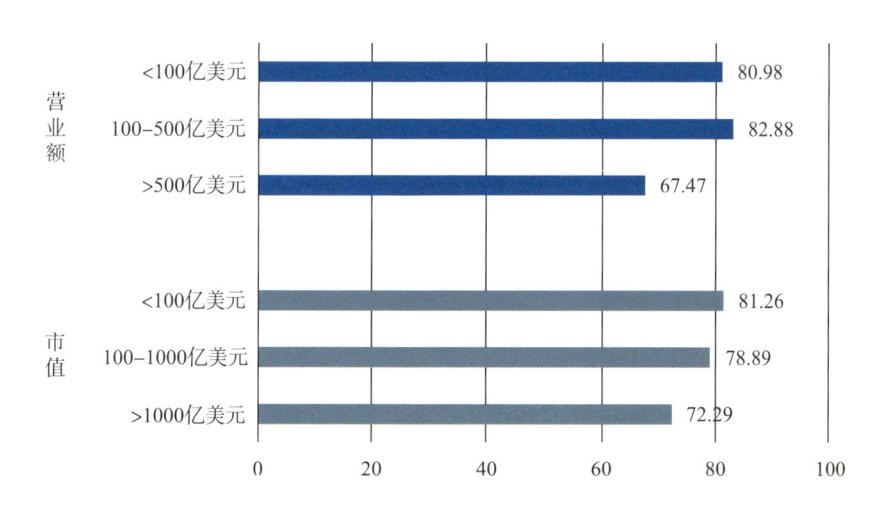

图 3-8 不同规模企业绿色生产指数表现情况

143

（四）绿色增长指数分析

从绿色增长指数整体得分情况看，25 家被评价对象企业绿色生产指数的平均得分为 41.20 分，最高得分为 76.11 分，最低得分为 29.52 分，标准差为 8.64，各企业绿色增长指数得分的离散程度相较其他指数表现最低。从绿色增长指数得分的分布情况看，有 11 家被评价对象企业的得分集中在 30—40 得分段；有 12 家被评价对象企业的得分集中在 40—50 得分段；仅有 1 家被评价对象企业得分在 70—80 得分段。与平均水平比较，共有 12 家被评价对象企业的绿色增长得分超过平均得分，另有 13 家企业得分低于平均得分。

从绿色增长指数的二级主题看，绿色进步主题平均得分为 25.87 分（按百分制换算），并且有 24% 的被评价对象企业的得分超过主题平均得分，这表明绿色进步总体表现尚需提高，但大部分企业在行业中的表现处于平均水平以上。绿色脱钩主题平均得分为 71.84 分，有 60% 的被评价对象企业的得分超过主题平均得分。总体看，被评价对象企业在实现绿色增长方面表现并不理想，特别是在 NO_x 排放量、SO_x 排放量、水污染物排放量方面表现不尽如意，同时企业在实现经济增长与减少生态环境影响双重发展方面也仍待提高。

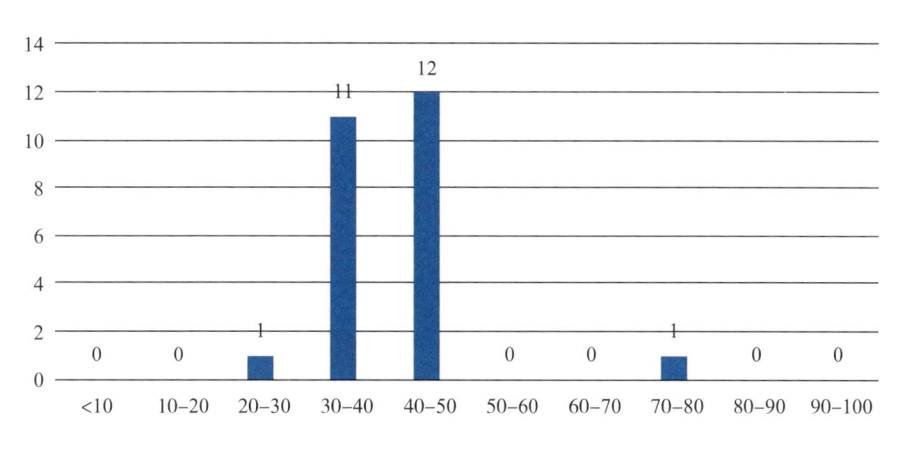

图 3-9　绿色增长指数得分分布情况

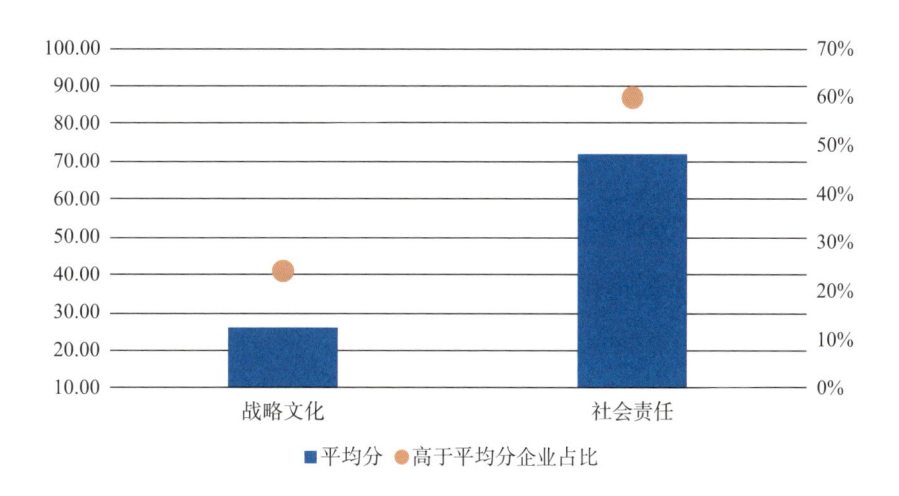

图 3-10　绿色增长指数分主题表现情况

图 3-11 显示了不同营业额、不同市值规模下，被评价对象企业绿色增长指数的得分差异。结果显示，企业规模（包括营业额和市值规模）越大，绿色增长指数的表现相对越好，具体分析可以看出，2021 年石化行业经营业绩普遍表现较好，25 家石化行业上市企业的

145

平均营业收入增长率达到了 43%，带动影响了绿色脱钩指数的上涨，也较大的影响了绿色指数的数据表现。然而，分析企业绿色进步主题数据表现与企业营收规模之间的关系可以看出，企业营收规模越小，绿色进步主题的数据表现相对越好，这表明经济表现规模较小的企业在绿色进步方面数据表现优于营收规模大的企业，绿色进步的速度相对较快。

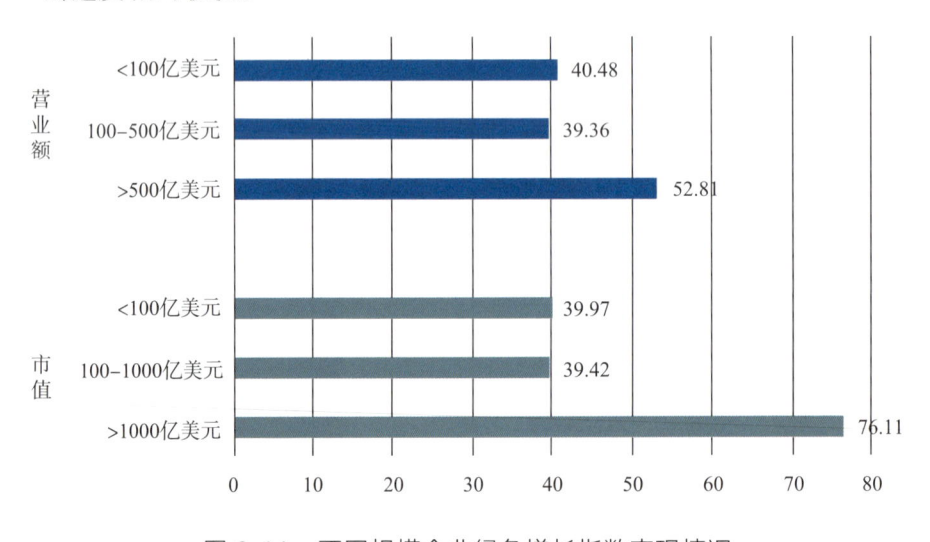

营业额
- <100亿美元：40.48
- 100-500亿美元：39.36
- >500亿美元：52.81

市值
- <100亿美元：39.97
- 100-1000亿美元：39.42
- >1000亿美元：76.11

图 3-11 不同规模企业绿色增长指数表现情况

（五）典型企业绿色发展指数综合分析

为了进一步揭示企业在绿色发展方面的表现，本研究报告基于评价结果，选定评价结果排名靠前的两个企业：中国石油天然气股份有限公司、中国石化上海石油化工股份有限公司作为典型企业，并对两家企业绿色发展指数的具体表现做进一步的分析。

1. 中国石油天然气股份有限公司

中国石油天然气股份有限公司是我国油气行业占主导地位的最大的油气生产和销售商，是中国销售收入最大的企业之一，也是世界最大的石油公司之一。

（1）绿色发展指数总体表现

中国石油天然气股份有限公司绿色发展指数综合得分为78.84分，在25家被评价对象企业中位列第一，在绿色表现星级评定方面被评为四星。具体从次级指数看，中国石油天然气股份有限公司在绿色管理指数、绿色生产指数和绿色增长指数三个次级指数方面的得分分别为88.13分、72.29分和76.11分。该企业三个次级指数中绿色管理指数（排名第6位）和绿色增长指数（排名第1位）均高于平均表现，绿色生产指数（排名第22位）均低于平均表现。

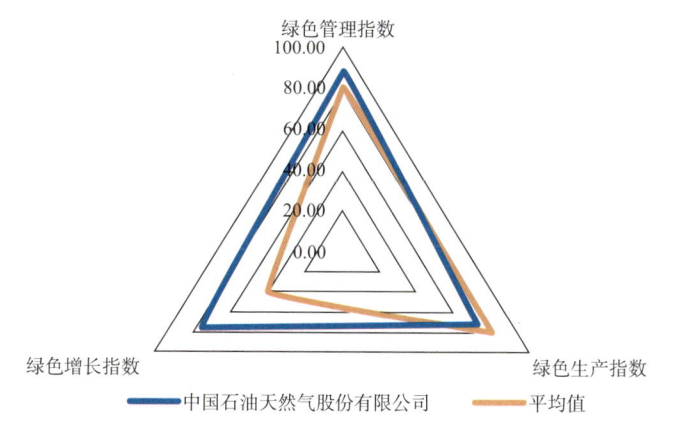

图3-12 中国石油天然气股份有限公司绿色发展指数总体表现情况

（2）绿色发展指数具体指标表现

从各个次级指数的二级主题层面上看，中国石油天然气股份有限公司绝大部分二级主题表现也优于各指标平均水平，但在设施设备、能源资源投入以及环境排放方面主题方面的表现低于平均水平。

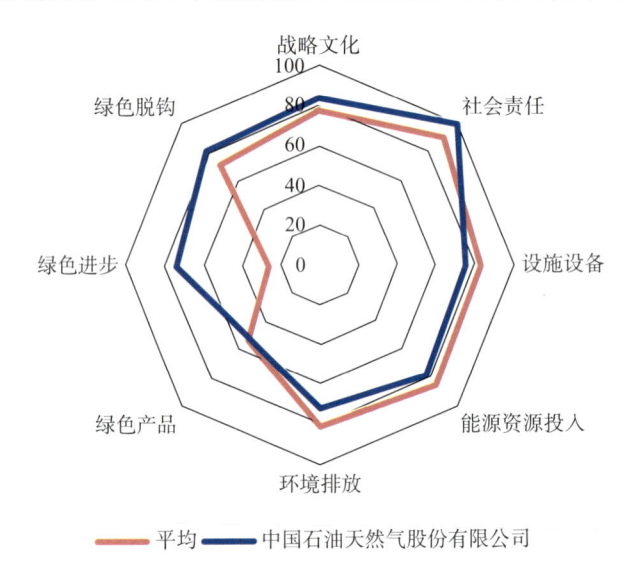

图 3-13 中国石油天然气股份有限公司绿色发展指数具体主题表现情况

从具体内容来看：

在绿色管理指数方面，中国石油天然气股份有限公司所建立的符合绿色发展的绿色制度较为完善，企业在绿色战略文化、绿色组织机构、绿色管理体系以及绿色产业投资等践行绿色发展理念行动方面均表现良好。同时，中国石油天然气股份有限公司业也定期向社会、投资者发布社会责任报告，所披露的绿色信息完整度较高。但与此同时，中国石油天然气股份有限公司在绿色发展目标制定包括资源减少目标、用水效率目标、能效目标等方面的阐述并不详细明确。

在绿色生产指数方面，从中国石油天然气股份有限公司的能源与资源消耗总量、污染物排放总量数据可以看出，几乎都是 25 家上市公司中最多的，这与该企业规模总量有着直接关系。与排放和消耗总量数据表现相反，在能源与资源消耗强度以及污染物排放强度方面，该企业的评价表现则相对较好。中国石油天然气股份有限公司近年来加大了对污染物排放监测和降低能源资源消耗方面的投入力度，引入大数据监测技术和设备，推动节能环保一体化管理。此外，从公开数据显示中国石油天然气股份有限公司也在积极践行生物多样性保护举措，在产品生产方面，也有绿色生态产品产出。

在绿色增长指数方面，中国石油天然气股份有限公司在能源资源消耗、水资源消耗、空气污染物排放量、二氧化碳排放量方面实现了较大的绿色进步，各项指标均表现出色，位列 25 家上市公司之首。在经济增长与对生态环境影响的脱钩方面，中国石油天然气股份有限公司整体表现也优于平均水平，其中水污染物排放绿色脱钩表现最为突出，其他方面，能源消耗、水资源消耗以及空气污染物排放的绿色脱钩表现均处于上游水平，二氧化碳排放的绿色脱钩表现相对较低，还有很大提升空间。总体看，中国石油天然气股份有限公司不仅实现了绿色进步，经济指标也实现了大幅度增长。该企业 2021 年营业同比增长接近 40%，经济指标表现良好。

2. 中国石化上海石油化工股份有限公司

中国石化上海石油化工股份有限公司是我国主要的炼油化工一

体化综合性石油化工企业之一，具有较强的整体规模实力，是中国重要的成品油、中间石化产品、合成树脂和合成纤维生产企业。

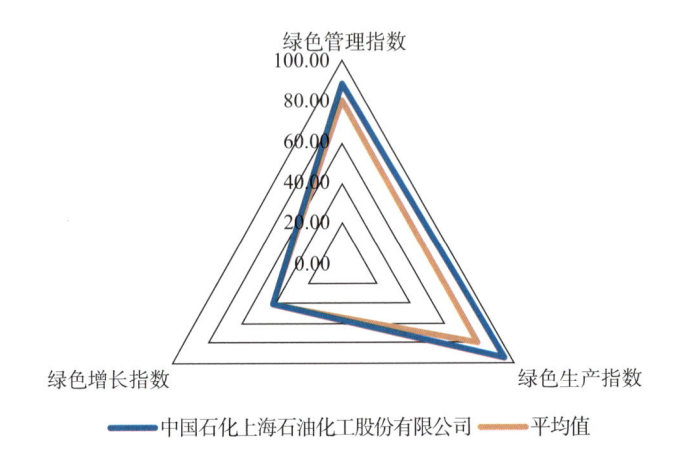

（1）总体表现

中国石化上海石油化工股份有限公司绿色发展指数得分为74.82分，在25家被评价对象企业中位列第二，在绿色表现星级评定方面被评为三星。具体从次级指数看，中国石化上海石油化工股份有限公司在绿色管理指数、绿色生产指数和绿色增长指数三个次级指数方面的得分分别为88.13分、94.26分和42.08分。该企业三个次级指数表现中，绿色生产指数表现优秀，在所有被评价对象企业中排名第1位；在绿色管理指数方面，中国石化上海石油化工股份有限公司位列第6位，位于中上游水平；在绿色增长指数方面，中国石化上海石油化工股份有限公司位列第10位，略高于平均水平。

图 3-14 中国石化上海石油化工股份有限公司绿色发展指数总体表现情况

绿色发展指数篇

（2）具体指标表现

从各个次级指数的二级主题层面上看，中国石化上海石油化工股份有限公司在绿色增长指数下的绿色进步二级主题评价表现低于平均水平，其他二级主题的评价表现均高于平均水平。

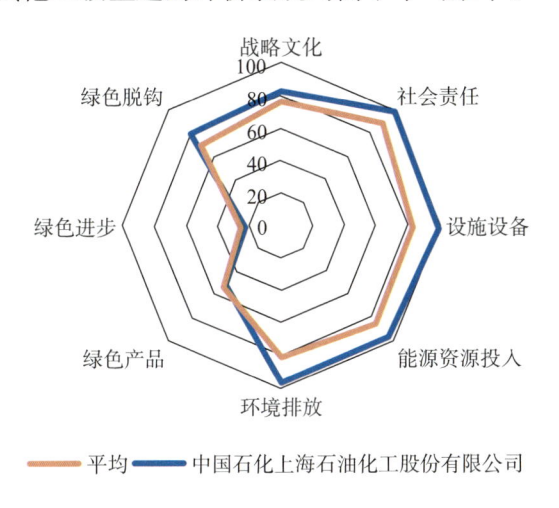

图 3-15　中国石化上海石油化工股份有限公司绿色
发展指数具体主题表现情况

从具体内容来看：

在绿色管理指数方面，中国石化上海石油化工股份有限公司作为大型的能源化工企业，所建立的符合绿色发展的绿色制度较为完善，各项指标均表现良好。其中，在社会责任主题的整体表现在所有被评价对象企业中位列第一。中国石化上海石油化工股份有限公司所披露的绿色信息完整度较高，在绿色信息披露上是得分最高的公司之一；与此同时，在绿色战略文化、绿色组织机构、绿色管理体系和绿色产业投资等践行绿色发展理念行动方面也均表现良好。

在绿色生产指数方面，中国石化上海石油化工股份有限公司总体表现优秀。尤其是在设施设备方面，该公司配置了完善的节能减排、污染物处理等设备。但在能源资源投入方面，中国石化上海石油化工股份有限公司仍有较大提升空间，在能源消耗总量和强度上表现欠佳。在环境排放表现上，上海石化积极推进绿色企业行动计划和绿色基层创建，同时也是上海市第一批碳排放交易试点企业，在二氧化碳排放水平和强度上表现优异，均排名第一。

在绿色增长指数方面，中国石化上海石油化工股份有限公司表现较绿色管理和绿色生产方面相对不足。虽然该公司当前在碳减排上表现优异，但从动态指标来看，其二氧化碳排放强度进步相对较慢。与此相反，该公司在节水、水污染物排放控制上进步较快。综合来看，中国石化上海石油化工股份有限公司基本实现了在能源资源消耗、污染物和碳排放方面的绿色脱钩。

四、石化行业企业绿色发展评价的保障措施与建议

本研究报告以我国石化行业企业公开的绿色发展相关指标数据为基础,研究提出了一套绿色发展评价指标体系,并以客观评价为原则,选取了我国石化行业部分上市公司作为研究对象,探索性地对样本企业的绿色发展情况进行了客观、量化评价。然而,在整个研究评价过程中,研究团队也遇到了一些困难阻碍,在结果分析中,也发现了我国石化行业企业存在的一系列共性问题,为了能够有效推动我国石化行业企业绿色发展评价工作的顺利开展,更好地助力我国石化行业企业明确绿色发展目标,本报告研究团队以实际问题为导向,提出如下保障措施及建议:

第一,健全我国石化行业企业的绿色发展相关信息披露机制。

研究过程中发现,在搜集指标数据时,发现大部分石化行业上

市企业存在指标数据缺失或不对外披露的问题，我们分析造成这个问题的原因可能有如下：一是部分企业自身对信息披露的重视程度不够，没有按照要求填报相关指标数据；二是对部分指标的监测不全面，无法得到确切的数据信息；三是奖惩监管机制不完善，没有有效的信息披露激励机制和缺失数据的惩罚管控机制。因此，行业监管部门应当加强对企业尤其是上市企业的监测和监管工作，通过培训和指导，让企业认识到绿色发展的重要性和紧迫性，应当及时全面地对企业绿色发展相关指标进行公布和说明。

第二，加快推动制定石化行业的企业绿色发展评价标准。

目前行业内还没有可以明确参照的绿色发展评价核算及认定标准，这导致企业没有参与绿色评价的动力和压力，因此，应尽快组织行业内专家，研究构建一套用于认证企业绿色发展水平的评价标准，并将评价的重点放到企业排名上来，坚持定期向社会公众发布行业企业的绿色发展排名，通过排名活动吸引、督促和影响企业积极参与绿色发展评级活动，从而推动企业绿色发展。

第三，我国石化行业企业应加强绿色发展顶层设计规划，明确发展目标。

在进行我国石化行业上市企业管理指数的测算过程中发现，25家上市企业均将绿色写入到了企业发展战略或企业文化中，并且也出台了与绿色发展相关的政策，然而在绿色发展的目标制定方面，有很大一部分上市企业未详细披露和说明绿色发展的目标，这不利于企业开展绿色行动举措的绩效考核。导致企业绿色发展的驱动力不足。

第四，我国石化行业企业自身需进一步培育和完善绿色发展的企业文化。

我国石化行业企业要充分意识到盲目追求经济效益所带来的危害，在提升环境意识的基础上将其与经济效益紧密结合在一起，形成具有自身特色的绿色产业。绿色产业的发展需要获得绿色文化的支持，这就要求企业应将绿色文化融入到企业文化当中，以此来调动员工参与绿色建设的积极性。企业应当采取有效措施在内部营造出良好的绿色氛围，并在绿色战略的基础上，提出具有较高可行性的行动计划。

案例篇

中国石油和化工行业绿色发展蓝皮书 (2021-2022)
Blue Book on Green Development in China's Petroleum and Chemical Industry (2021-2022)

一、湾区绿色数字交易园

（一）项目概况

湾区绿色数字交易园是由广州化工交易中心牵头，联合广州工控科技产业发展集团、广州开发区投资集团共同开发建设，选址广州黄埔临港经济区经济核心地带，系集商业、办公、公寓为一体的地铁上盖综合体项目，项目总建筑面积约 11 万平方米，总投资约 12 亿元。

湾区绿色数字交易园希望打造一个国际化、智慧化、共享化、安全化的绿色服务产业的全周期全链条生态集聚中心，同时作为国际数字经济示范园区和大湾区金融科技基地。

图 4-1　园区东北角鸟瞰图

（二）园区建设背景

随着世界绿色产业重心不断东移，新一批由跨国巨头、国内央企主导的高端绿色产业项目接连在广东落地建设，其中，绿色石化产业尤为蓬勃发展；在 2021 年 8 月 9 日印发的《广东省制造业高质量发展"十四五"规划》中预测，到 2025 年，广东省石化产业规模超过 2 万亿元，要打造国内领先、世界一流的绿色石化产业集群。2022 年 1 月 12 日国家发展改革委最新发布的《"十四五"数字经济发展规划》，其中明确提出要大力推进产业数字化转型升级、要引导产业园区利用数字技术提升服务能力、要发挥数字经济领军企业的引领带动作用。

为了紧紧抓住绿色产业包括但不限于绿色石化、绿色服务以及绿色新材料等众多相关产业的强大市场前景以及传统石化产业数字化转型进程中难得的发展机遇，湾区绿色数字交易园作为粤港澳大湾区首创广东省战略性产业集群重点建设项目，肩负着粤港澳大湾区绿色产业升级和发展创新的使命。

（三）园区产业政策

在发展数字经济、打造绿色产业集群、引导化工企业进园区、开展供应链金融、提供应急产业服务等方面，各级政府出台了一系列的政策和行动计划。

《中共中央关于制定国民经济和社会发展第十四个五年规划和二〇三五年远景目标的建议》明确，要加快发展数字经济，推动数字经济和实体经济深度融合。

《粤港澳大湾区发展规划纲要》提出，到2035年要将粤港澳大湾区建设成为具有全球影响力的国际科创中心，支持石化等优势产业做强做精，培育壮大新材料等战略性新兴产业。

《广东省发展绿色石化战略性支柱产业集群行动计划（2021—

2025年)》指出,要推进绿色化工产业集群的发展,促进石化产业迈向全球价值链高端,具体包括:积极对接省应急物资保供体系建设;加大对中试环节支持力度;引导组织化工企业全部进园区,等等。

《关于规范发展供应链金融、支持供应链产业链稳定循环和优化升级的意见》由人民银行联合八部委发布,第一次明确指出,供应链金融是指从供应链产业链整体出发,运用金融科技手段,整合物流、资金流、信息流等信息,提供系统性的金融解决方案。

《广州市化工行业安全发展规划(2020-2025)》明确,顺应石化产业园区化、集约化、一体化发展趋势,推动零散分布的化工企业入园发展;建设广州危险化学品动态信息管理平台,充分发挥社会力量的作用,开展行业安全管理及教育培训等。

《绿色产业指导目录(2019年版)》提到,2020年,黄埔区、广州开发区有200多家规模以上企业符合该目录包含的产业范围,绿色产业产值约占全区总产值30%,在国内开发区中处于领先地位。近年来,该区积极完善政策,集聚要素,大力培育绿色产业集群,推动"绿色"产业化,发展绿色产业。

石油化工产业是广州市三大支柱产业之一,对广州市国民经济发展具有举足轻重的地位。近年来,由地方政府主导发展的专业化工交易中心在长三角地区大量涌现,而目前广东省还缺乏大型的专业化工交易场所。广石化未来不迁移、黄埔区内以广石化为龙头聚集了众多化工企业,急需要一个大型、现代化专业化工交易场所。

图 4-2　园区东向西透视图

（四）整体产业布局

"一核 两心 四翼"

构建集生产、交易、仓储、物流、监管、培训为一体的绿色产业集群。

一核："化工易"产业互联网平台；

两心：广州化工交易中心、广州应急管理培训中心；

四翼：湾区绿色数字交易园、工控新材料产业园、广州市危险物品卸载（仓储）基地、特种作业人员安全技术实训基地。

（五）园区定位与目标

绿色服务产业集聚中心：打造国际化、智慧化、共享化、安全化的绿色服务产业的全周期全链条生态集聚中心。

交易平台、流通监管平台：人工智能、区块链、大数据、云计算和网络互联技术搭建在线交易平台、流通监管平台。

数字经济转型新标杆：积极扶持传统产业创新，推动营商环境特色化、数字化、智能化，实现高端创新资源大集聚，树立数字经济转型新标杆。

图 4-3　园区东北角透视图

园区未来发展目标：将数字化工交易与新型商贸形态互相融合，打造线上平台"化工易"，以供应链金融赋能，"智慧金融、化工数服"双轮驱动，建设成为集"绿色化工交易（不设仓储）、数字交易平台、企业总部经济、应急产业服务、产业链金融服务等"为一体的绿色产业服务全周期全链条产业集群、国际数字经济示范园区和大湾区金融科技基地。

（六）园区建设规划

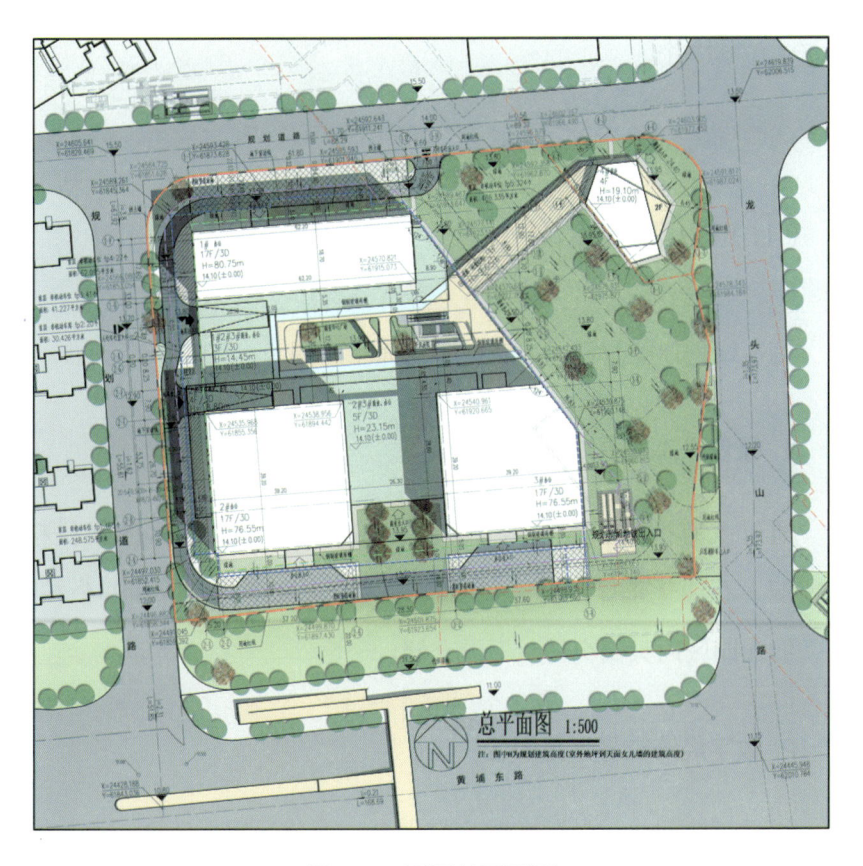

图 4-4　园区总平面图

园区选址广州黄埔临港经济区（黄埔东路 2009 号）经济核心地带，系集商业、办公、公寓为一体的地铁上盖综合体项目，5 号线和 13 号线双地铁通行，还有 BRT 庙头站、城市主干道黄埔东路紧邻项目，交通便利。

园区规划项目规划总用地 22495 ㎡，总建筑面积 111186 ㎡。建设内容包括商业及附属用房 17354 ㎡，办公 64902 ㎡，地下及架空层建筑 28930 ㎡。公共绿地面积 6371 ㎡，机动车泊位 753 个，非机动车泊位 577 个。

（七）园区功能定位

打造绿色产业集群，构建数字产业生态圈。

1. 绿色化工交易城（不设仓储）

通过政府推动和政策引导，将广州市内分散在各区的新材料、新能源、石油化工等经营企业引进园区，未来企业注册和办公在园区，但在园区内只做交易、不设仓储。

2. 数字经济交易示范园区

通过打造"化工易"在线交易平台，充分运用云计算、大数据、物联网、互联网等技术，集聚整合信息化和工业化资源，构建云端化工生态圈，将实体经济和数字经济深度融合。

3. 企业总部经济集聚区

通过政策引导、税收减免、服务配套等手段，重点吸引大中型新材料、新能源、石油化工等企业总部和外资企业进入园区，加快形成绿色服务产业经济聚集和绿色石油化工产业集群。

园区还将引入第三方研究院、设计院、中试基地等板块，引入产业创投基金，形成产学研为一体的完整的平台运营体系，为企业总部产品研发、技术创新和成果转化提供支撑。

4. 供应链金融基地

引入产业基金、保理、小贷等第三方机构，整合平台的物流、资金流、信息流等信息，构建供应链中占主导地位的核心企业（即平台）与上下游企业一体化的金融供给体系和风险评估体系，快速响应企业的结算、融资等需求，降低企业交易成本，满足中小企业的资金需求。

5. 应急产业服务中心

为满足政府部门对危险化学品的监测预防和应急处置要求，未来园区将重点引入与危化品相关的应急产业，如监测预警产品、预防防护产品、处置救援产品和应急服务产品等，并参与搭建广州市危化品管理服务平台，针对危化品的流通各环节进行线上数据监测，以便政府更加有效地实施监管。

（八）重点服务客户

通过政府推动和强有力的政策引导，面向整个大湾区，重点将散落在广州市各处以及周边城市如佛山、东莞、惠州、江门、湛江等地的如新材料、新能源、石油化工等商贸类关联企业引进园区，提供绿色产业服务以支持企业的转型发展。

1. 危险化学品纯经营（无存储）企业

截至 2019 年，广州市危险化学品纯经营企业（无存储）有 2013 家。此类企业属于政府重点监管对象，也是未来入驻园区的重点企业。未来，园区将联合政府监管部门为企业提供危化品经营许可证等办理。

2. 商贸类企业

未来，园区将通过政策支持和服务配套重点吸引，针对相关企业销售部门、销售公司、贸易商、经销商等，通过搭建在线交易平台和建设交易大厅为企业提供便利的大宗商品交易服务，包括金融、咨询等在内的配套服务。

3. 企业总部

面向大型新材料、新能源、石油化工的龙头企业总部，采取"一事一议、一企一策、特事特办"的方式给予扶持。加快形成产业经济聚集和绿色产业集群，实现企业总部绿色经济聚集区。

4. 研发中心、科研机构

建设孵化研发大楼、检测中心，积极争取政府支持政策和专项资金，吸引新材料、新能源、石油化工等企业的研发中心和科研机构、行业协会等入驻。

5. 配套企业、服务企业

吸引为园区内新材料、新能源、石油化工等企业提供应急产品、应急服务、金融服务、检测服务、中介服务等配套企业，加快形成产业经济聚集和绿色服务产业集群。

6. 政府办事机构

建设园区政务服务中心，为新材料、新能源、石油化工等商贸企业提供一站式服务，包括危化品经营许可证办理、工商登记等。

（九）园区相关配套

服务配套：平台撮合、供应链金融、云仓储、咨询服务、应急管理、招商推广、办证代理、工商财税、产品检测、政策申报、研发孵化、物业管理等线上线下一体化服务。

建筑形象：融合科技、创新、生态、社交等要素，用简约时尚的风格，打造多功能舒适办公楼宇。

设施配套：VRV多联中央空调系统、光纤接入系统、智能安保监控系统、智能车场管理系统、中央广播系统、给排水系统、消防系统、生态垂直绿化系统。

休闲配套：共享空中花园、休闲风雨连廊、商业中心广场、地铁直连直通下沉广场、地铁上盖共享公共绿地。

（十）绿色产业服务

园区建成后，将依托"化工易"产业互联网平台，为入驻园区企业提供全方位、线上线下一体化的绿色产业运营服务，具体包括：

表4-1　园区绿色产业运营服务明细

序号	服务类别	绿色产业服务内容
1	平台撮合	依托"化工易"平台,为产业链上下游企业提供在线撮合服务,提高交易效率、降低交易成本。
2	金融服务	协助企业对接各种融资渠道,将商业银行、风险投资机构、信用担保机构、保理公司、小贷公司等专业金融机构引进园区,同时结合企业在"化工易"平台的交易流通数据,为企业提供更加完备的产业链金融服务。
3	咨询服务	为企业提供法律、政策、财务、会计、知识产权、人力资源、技术贸易、商品贸易、项目可研、项目设计等方面的咨询服务。
4	代理服务	包括代办工商注册、税务登记、专利申请、商标注册、报关等服务。
5	应急服务	为企业提供应急管理培训、危险品经营许可证办理等服务。
6	人力资源服务	通过培训班、研讨会等培训企业及员工,协助企业制订人力资源发展计划和招聘新员工,完善孵化企业人力资源管理,代管孵化企业党组织关系、团组织关系和工会组织,培育科技企业家。
7	技术服务	提供产品设计、工艺设计、中间试验、新产品试制、技术实验、技术检测等技术创新支持与服务,提供科研仪器和实验室等。
8	中介服务	为企业牵线搭桥,沟通与大学、研究机构、企业之间的联系,为相互之间的技术、经济、贸易等合作提供中介。

续表

序号	服务类别	绿色产业服务内容
9	信息服务	向企业及时提供各种产（行）业、技术、经济和政策等信息。
10	政策服务	包括但不限于企业战略规划、产业政策研究、政府项目资金申报等，帮助孵化企业落实财税、科技、人才、金融、外贸、海关等优惠政策。
11	孵化服务	协助孵化企业树立企业形象，向政府、新闻媒体等推荐孵化企业，推荐申报各种科技计划和国家中小型科技企业创新基金等。
12	招商推广	协助项目公司开展包括园区建成后的宣传推广，以及写字楼、商业和公寓的后续招商租赁工作。
13	物业服务	包括但不限于孵化园物业共用部位、共用设施设备的维修、养护、运行和管理；物业管理区内的绿化养护管理、安全、消防、交通、车辆停放秩序的协助管理 服务；物业档案资料管理等。

（十一）园区运营效益

1. 经济效益

在新材料、新能源、石油化工等产业中，尤其是石油化工产业一直都是广东省和广州市的支柱产业，但目前存在传统产业经济效益偏低等问题。绿色数字交易园可以引导化工企业总部、化工商贸及上下游企业、配套服务企业等统一进园区，形成绿色服务产业集群，以数字化交易和产业链金融为支撑，未来将成为带动华南地区传统化工往绿色服务产业转型升级的重要支撑点和加速引擎，具有重要意义。

本项目通过搭建在线交易平台，吸引化工企业用户进驻平台，预计建成后绿色服务产业产值超 1000 亿元，同时为当地政府创造良好税收。

2. 社会效益

仅广州市就有几千家危险化工品纯经营企业散落在各区各街道，给政府监管工作带来很大难度、存在较大的安全隐患，通过建设绿色数字交易园区，可以引导这些企业进入园区并通过在线平台进行交易，同时园区为化工企业提供应急培训等服务，以帮助政府部门加强对危化品流通过程的监管和提升企业整体应急管理水平，为整个城市的绿色发展作出巨大贡献。

二、化工易："互联网＋绿色化工产业"助力化工贸易供应链

（一）相关背景

为贯彻落实《关于完整准确全面贯彻新发展理念做好碳达峰碳中和工作的意见》和《2030年前碳达峰行动方案》总体部署安排，工信部联合国家发展改革委等有关部门编制了工业领域及钢铁、有色金属、石化化工、建材等重点行业碳达峰实施方案。

在这个背景下，广州化工交易中心有限公司一直在推进化工领域的数字化发展，搭建了化工资源智能匹配平台：化工易（https://www.hg1.com.cn/），该平台以数字化转型驱动化工贸易链条变革，打造绿色化工全线上贸易链条以及绿色低碳化工数据及资讯平台；着

力推动数字化、智能化、绿色化融合发展,提高绿色转型发展的效率和效益;并实施"化工产业互联网+绿色化工产业",为贸易流程再造、跨行业耦合、跨区域协同、跨领域配给等提供支撑,助力行业绿色化转型。以达到利用产业互联网等数字经济新业态,打造产销融合创新发展的数字经济新模式的目的。

图 4-5 化工易首页

（二）主要做法

化工易是化工交易中心打造的化工产业互联网数字经济平台，依托互联网平台，运用大数据手段，以"化工产业＋产业互联网＋数字供应链＋数据资讯定制＋政策工具"的独特打法，探索数字经济与化工传统产业的融合路径，推动化工产业整体转型升级。

化工易以线上贸易结合线下数字交易园区，构建化工产业生态圈；通过数字化建设为化工上下游企业经营赋能，通过行业信息、产品信息、交易撮合、产品交收、智能云仓、可视化物流、区块链风控体系、数字供应链打造全流程产业供应链平台。

目前，化工易平台主要包括化工易云认证系统、创新交易系统、智能云仓物流系统、数字供应链服务系统四大高新系统，有效链接数字化交易、数字化仓储、数字化货转、数字化金服四个关键环节，打通合同流、资金流、货物流、发票流多流线上合一，倾力打造产业数字闭环场景，达到用数字科技提升化工产业效率，打造绿色化工全线上贸易链条以及绿色低碳化工数据及资讯平台的目的。

图 4-6　化工易产业互联网平台四大系统

1. 化工易云认证系统

化工易云认证系统可以为企业快速实现电子签章,并享有国家公证级别的法律效益。系统融合了三方认证(由第三方认证系统实现对营业执照,法人信息、委托书、手机号码等会员信息的在线认证);小额鉴权(由第三方认证机构为认证企业资金账户打入小额资金,以资金确认作为认证企业的途径);电子合同(针对电子合同提供金融级别的全面安全保障。化工易作为第三方中立平台,不介入任何签约方,并可提供签约全过程的法律公证);法律保障(通过和国际领先的电子证据证明机构合作,给用户签署的每一份电子合同提供国家公证级别的有效法律证据)。

图 4-7　化工易电子签章示意图

2. 创新交易系统

化工易以电商服务为入口、物流服务为基础、供应链金融服务为纽带、资讯服务为增值手段、化工大数据技术服务为提效工具，形成了信息流、商流、物流和资金流"四流合一"的大宗商品生态服务体系。系统上线以来，化工易深化推进智慧服务，通过数据赋能，提升交易效率，通过服务增值，提升交易体验，助力化工行业转型升级。

图 4-8　化工易交易系统店铺首页示意图

3. 化工易智能云仓物流系统

化工易云仓体系通过一系列的技术手段实现：联合其他参与方共同打造的经过化工易认证的第三方监管仓库（包含厂中库模式、厂边库模式和中心库模式），参与方可为企业客户提供仓储、运输、保险、检测等服务，确保仓单的真实性、安全性；整合物联网技术，通过 RFID 标签、可视化监控、智能视频、大数据等技术，将仓储系统、交易系统、融资系统时间数据互联，为交易的真实性和融资资产的可靠性提供最大保障。

图 4-9　化工易云仓系统介绍

4. 化工易云仓系统

仓储管理：出入货便捷，过户简单；数据查询方便，安全透明。

RFID 部署：背读取便捷，方便管理；操作简便，不易出错；容量大，提供可靠数据支持。

状态监测：异常即报警，货物安全；系统安全可靠，报错率小；统一管理，一目了然。

5. 化工易仓储物联

智能视频分析：智能分析，预判可疑情况；录像自动保存，全过程保护；可远程监控，实时查看。

保驾护航：买卖双方可以实时查看货品的现状详情、历史状况等各类信息，并与交易系统、金融系统数据互联，确保货物真实性。

6. 数字供应链服务系统

化工易供应链平台依托交易、支付、结算、仓储、物流等综合闭环服务，应用大数据、物联网等先进技术，联合产业链核心企业和银行等金融机构，为广大产业链上下游客户提供高效、便捷、及时、风险可控、形式多样的金融服务。

化工易围绕整个化工产业链，利用互联网金融手段，建立基于产业链的金融服务体系，一端对接化工易电商、化工易物流、电子仓储等众多资产，一端对接众多银行，形成全方位的金融服务集群，为生产厂家、大宗商品交易平台、贸易企业、终端用户等提供在线支付、融资服务、投资理财、资产管理等互联网金融产品。

图 4-10　化工易数字供应链金融系统介绍

（三）亮点特色及成效

基于行业最佳实践，结合大数据、区块链风控、物联网仓储系统等前沿技术，立足供应链化工行业业务特点，打造了独具化工供应链特色的数据中台。运用大数据、机器学习技术，建立了价格预测、供应商关系图谱等业务数据模型，如通过定期推演各区域主类化工品市场价格走势预测，赋能业务发展。

化工易平台自 2020 年上线至今，已发展成华南地区颇具影响力的化工现货交易平台，共吸引注册用户 4 万余个；累计销售各类化工品超 30 万吨，共实现交易额近 50 亿元。

三、工控新材料投资（茂名）有限公司

（一）企业简介

工控新材料投资（茂名）有限公司（以下简称"工控新材料"）成立于 2021 年 12 月，是广州工业投资控股集团有限公司（以下简称"广州工控"）和茂名滨海新区城市投资开发有限公司（以下简称"滨海城投"）合资设立的产业投资平台，公司发展绿色化工产业的同时，兼顾支持茂名地区的城市发展建设。公司注册资本为 30 亿元，其中广州工控占股 51%，滨海城投占股 49%。工控新材料以投资化工新材料项目为核心业务，主要投向丙烯腈产业链项目、ASA 树脂项目以及茂名当地的优质化工项目等。公司将通过做大做强化工新材料，大力发展绿色化工行业，努力发展成为茂名绿色石化产业发展的重要产融平台，将自身打造成为具有强大投融资能力的投资公司。

（二）成立背景

纵观茂名建市逾 60 年的产业发展，石化产业一直都是主题，也实现了从油页岩加工到进口原油加工，再到炼化一体化生产的两次产业迭代。如今，茂名是石化产业集中地，也是全国最大的炼化一体化基地之一，当前茂名正聚焦绿色化工新材料、氢能源等产业，已规划建设绿色化工和氢能产业园，正扎实走在化工产业"绿色发展"转型升级大道上。

新材料产业被认为是 21 世纪最具发展潜力并对未来发展有着巨大影响的高技术产业，也成为我国七大战略性新兴产业和"中国制造 2025"重点发展的十大领域之一。一批有着强烈使命感的公司坚持新材料领域的研发和突破，以提升我国新材料产业国际竞争力，各级政府出台了一系列的政策和行动计划。

国家 6 部门联合印发《关于"十四五"推动石化化工行业高质量发展的指导意见》，到 2025 年，石化化工行业基本形成自主创新能力强、结构布局合理、绿色安全低碳的高质量发展格局，高端产品保障能力大幅提高，核心竞争能力明显增强，高水平自立自强迈出坚实步伐。

《广东省制造业高质量发展"十四五"规划》将茂名定位为全省绿色石化、农产品与食品加工产业集群布局的核心城市；先进材料、生物医药与健康产业集群布局的重点城市；汽车、现代轻工纺织、安全应急与环保、精密仪器设备等产业发展的一般城市。

《茂名市工业园区高质量发展规划（2021-2025年）》明确，围绕打造世界级绿色化工和氢能产业基22地发展目标，加快构建以绿色化工产业为支柱、优势战略性新兴产业为新动能的现代产业体系，提升工业企业技术创新能力，优化工业园区空间功能布局，推动产城融合发展，持续深化改革开放，推动全市工业园区实现创新驱动、绿色智慧、产业耦合、产城融合高质量发展，为茂名建设产业实力雄厚的现代化滨海城市和打造沿海经济带的新增长极贡献力量。

（三）绿色赋能

1. 为绿色石化产业、高端装备制造业延链、补链、强链提供支撑，成就"湾+带"联动发展的地企合作样板

新兴材料作为广州工控"十四五"规划的核心业务之一，与国家"双碳"目标高度契合，是广州工控优化产业结构，推进和引领石油和化工行业绿色发展，加快构建绿色低碳循环发展经济体系的核心路径。

2022年1月25日，工控新材料投资（茂名）有限公司和东华能源股份有限公司在茂名签署茂名丙烯腈产业链项目投资协议。双方

将在茂名共同投资建设丙烯腈产业链项目，为广东的绿色石化产业、高端装备制造业延链、补链、强链提供强有力支撑。

丙烯腈作为合成纤维等材料的重要单体，是国家发展新材料产业的重要原料，主要用于生产有"新材料之王"之称的碳纤维、ABS 树脂/塑料、丁腈橡胶、腈纶等，下游产品广泛应用于航空航天、风力发电、汽车机械、电子设备、环保工业、医药农药等国民经济中的各个领域。广州工控将持续全力引入更高端、代表新材料未来发展方向的绿色化工产线产品，为广东的绿色石化产业、高端装备制造业延链、补链、强链提供强有力支撑，实现优势互补、合作共赢，成就"湾+带"联动发展的地企合作样板。

工控新材料投资（茂名）有限公司属下茂名南海新材料有限公司与东华能源股份有限公司首先在丙烯腈—ABS 产业链开展合作，贯通了丙烯腈生产、流通、运用的上下游，后期将依托广州工控的汽车零部件产业及城市轨道交通产业，适时启动丙烯腈—聚丙烯腈—碳纤维—汽车轻量化新型材料产业链的合作；推进成立汽车材料轻量化研究院，推动汽车轻量化材料的研发和产业孵化，共同助力茂名产业升级转型。推动茂名绿色化工进一步强链、补链、延链，形成强大的集聚效应，为茂名经济高质量发展注入强大动能。

2. 融合优势发展千亿产业集群，开创绿色化工行业高质量发展新篇章

2022 年 6 月 28 日，茂名南海新材料有限公司丙烯腈产业链项

目在滨海新区正式启动。项目总投资超 80 亿元，具有较好的技术依托，主要生产装置包括 1 套 26 万吨 / 年丙烯腈装置、1 套 2 万吨 / 年硫铵装置、1 套 5 万吨 / 年己二腈装置及 1 套 60 万吨 / 年 ABS 装置，均采用当前世界先进工艺技术，具有能耗少、成本低的"先天优势"，符合国家大力发展新技术、新材料的产业政策。建成后，将协同广州工控和东华能源在茂名市的产业资源，集中发力打造以丙烯为龙头的完整产业链和绿色化工千亿级产业集群，为广东省和茂名市石化行业发展引入更高端、更前沿的绿色产线产品，为茂名产业结构转型升级、带动地方经济发展做出积极贡献。

2021 年，广州工控化工新材料集团驻茂名指挥部、广化化工交易（茂名）有限公司、工控新材料投资（茂名）有限公司在茂名市揭牌成立，致力推进和引领石油和化工行业绿色发展；东华能源也在茂名规划建设了"丙烷 – 丙烯 – 聚丙烯 + 氢气"产业链，主要发展新材料核心技术及产品。双方在茂名市的前瞻布局，为项目顺利推进提供了实质助力。

3. 助力产业集聚规模壮大，为打造沿海经济带上绿色化工和氢能产业的新增长极贡献力量

近十年来，茂名高标准绘制产业强市蓝图，各工业园区进一步拓宽产业集群发展空间，产业集聚规模不断壮大。茂名在滨海新区打造以丙烷脱氢为龙头的世界级绿色化工和氢能源产业园，项目以发展丙烷—丙烯—聚丙烯（PP）产业链为主线，打造全球最大的聚

丙烯生产基地，培育千亿级产业集群，打造大湾区氢能源供应基地。世界500强丰益国际、广药集团及华侨城、东华能源、广州工控等"链主"企业落户茂名。广州工控丙烯腈产业链项目、广化化工交易（茂名）有限公司、广药集团王老吉粤西生产基地等加速落地。茂名着眼绿色化工和氢能产业链补链延链强链，精准招商、敲门招商、以商招商，不断推动形成强大的集聚效应。

滨海新区作为氢能上游产业和氢气化工产品的发展核心区域，主要发展工业副产氢的制备与提纯、氢能相关化工产品生产、氢气液化及配套和相关装备零件制造等产业，承载着为整个茂名市提供优质氢源的重要任务，并辐射供应整个"珠三角"氢能源产业。在《广东省加快氢燃料电池汽车产业发展实施方案》与《茂名市氢能规划》的指导下，新区积极谋划建设从滨海新区到高新区化工园区的氢能输送管道，保障下游企业的生产和研发用氢，打造国内首个管路直接送氢入企的示范项目，同时严格落实市委、市政府工作部署，积极推动东华能源烷烃资源综合利用项目大规模、大产量的良好发展，同时积极谋划氢气制备、氢气储运、氢能源汽车及燃料电池和氢气化工产品四个重点发展领域，依托氢能资源优势和产业基础，因地制宜，有序推进氢能源公交车、氢能源物流车、氢能小镇、行业氢能应用等示范点，推动氢能多元化应用。广州工控也将发挥自身在产业、资本、品牌等优势，势必能为茂名当地绿色化工和氢能产业产业结构转型升级、带动地方经济发展作出积极贡献。

未来展望篇

一、我国石化行业绿色发展面临的机遇与挑战

2022年是中国"十四五"规划实施的关键之年，蓝图铺展，部署已就位。同时，2022年也是国际国内政治经济环境极其复杂的一年，世界疫情的冲击还在持续，百年未有之大变局加速演进。此外，世界头号大国进入中期选举，法国进入选举年，中国将迎来二十大，美俄因乌克兰危机能否握手言和？伊朗核危机在曙光初现的情况下能否"八方化解"？这些国际国内的重大事件将直接影响到全球经济、中国经济和石化行业的正常运行，我国石化行业也将面临新的机遇和挑战。

（一）我国石化行业绿色发展机遇分析

1."双碳"目标的提出加速了石化行业的低碳转型

石化产业作为我国国民经济的基础性和支柱性产业，在"双碳"背景下如何转型升级备受关注。近年来，绿色发展理念深入人心，尤其是"双碳"目标的提出，更为我国石化产业转型升级提出了更高要求，指出了明确方向。石油化工产业绿色发展的新趋势下，部分传统产品需求虽有所下降，但绿色化工产品需求增长迅速，尤其是解决我国化工新材料领域短板的产品更是受到业内高度关注，市场需求已成为推动我国石化产业绿色转型的第一动能。

化工产业发展，安全是前提，环保是关键，转型升级是核心，而这一切都离不开科技创新。"双碳"背景下，化工和高耗能行业转型升级被打上聚光灯，但动能转换不能一蹴而就，技术创新是化工行业安全、绿色、高效发展的根本之道，面临未来艰巨任务，化工产业要固根基、扬优势、补短板、强弱项，用科技创新支撑劣势产能向优势产能转变。例如，被誉为"新材料之王"的碳纤维，是一种与钢比既轻又硬的化工新材料，比重低、强度高的特点使其在风电叶片、航空航天、休闲体育、汽车等领域得到广泛应用。在我国向碳达峰、碳中和目标迈进的过程中，新能源、装备制造等领域有望大量应用碳纤维，相关化工企业由此迎来转型发展新机遇。

2. 指导意见的出台为我国石化行业绿色发展提供了政策支持

党的十八届五中全会，研究制定了《关于国民经济和社会发展第十三个五年规划建议》，提出了实现"十三五"目标必须坚持的"创新、协调、绿色、开放、共享"五大发展理念，第一次把"绿色发展"提到发展全局的战略高度。2021年2月22日，国务院发布了《关于加快建立健全绿色低碳循环发展经济体系的指导意见》(以下简称《意见》)，首次系统提出了建立健全我国绿色低碳循环发展经济体系的顶层设计方案，对促进我国经济全面绿色转型，解决资源环境生态问题意义重大。《意见》的出台，为石油和化工产业绿色发展提供了重要的政策支持，石化企业要以绿色低碳循环引领化工行业更好更高质量发展，为全面推动我国绿色发展贡献化工方案。

《意见》明确的主要目标是，到2025年，产业结构、能源结构、运输结构明显优化，绿色产业比重显著提升，绿色低碳循环发展的生产体系、流通体系、消费体系初步形成。到2035年，广泛形成绿色生产生活方式，美丽中国建设目标基本实现。生产体系方面，加快实施钢铁、石化、化工、有色、建材、纺织、造纸、皮革等行业绿色化改造；加快农业绿色发展，提高服务业绿色发展水平；加快信息服务业绿色转型，建立绿色运营维护体系；建设一批国家绿色产业示范基地；加快培育市场主体，鼓励设立混合所有制公司，打造一批大型绿色产业集团；引导中小企业聚焦主业增强核心竞争力，培育"专精特新"中小企业；提升产业园区和产业集群循环化水平。

《意见》聚焦绿色低碳循环发展核心和重点，既兼顾社会经济发展现实，又考虑长远战略，既着眼化工、能源和资源等大局，又关注物流、服务业等生活细节，不仅为全方位推进绿色转型指明了方向，还为全社会构建绿色转型发展新格局、突破绿色转型重点难点等提出了具体路径和指导性方案。

3. 发达国家绿色壁垒倒逼我国石化行业加快绿色转型

由于具有技术创新和工业进程方面的优势，发达国家针对发展中国家的绿色壁垒从未停止。2021年3月10日，欧洲议会投票通过了"碳边界调整机制"（CBAM）议案，计划自2023年起，对应对气候变化行动不力国家的某些产品征收进口关税，且明确该机制将覆盖电力行业以及水泥、钢铁、铝、炼油、化工、造纸等高能耗产业，并对所有纳入欧盟碳交易体系的产品都适用。欧盟是我国重要的贸易伙伴之一，议案涉及的炼油、化工产品覆盖面广，是我国国际贸易的重要组成部分，其实施必将对我国石化行业产生深远影响。

与发达国家相比，我国石化行业单位能源碳排放强度仍有下降空间。CBAM实施后，若参照欧盟行业先进技术标准，我国石化产品将不得不通过额外缴纳碳关税才能进入欧盟市场，将面临出口成本增加、价格优势削减的风险。有研究表明，如果按每吨30美元征收碳税，石化产品出口降幅可达12.39%，而2021年5月以来，欧盟碳价已超过每吨60美元。石化工业是国民经济的基础，与多个行业交叉、关联、相互影响，出口受阻既会加剧部分石化产品过剩，又将引发相关行业连锁反应。

4. 中国营商环境进一步优化为化工行业绿色发展提供机会

当前，中国正加快形成以国内大循环为主体、国内国际双循环相互促进的新发展格局，这为化工行业带来了重大机遇，特别是在"新基建"、数字经济等新技术、新业态方面。因此，化工行业的科技创新显得尤为重要。同时，中国政府正进一步优化营商环境，着力留住外资，稳固外贸，这无疑也给化工行业带来了巨大机会。通过补链、强链、固链，中国化工产业供应链正在重构，高端化工品（高端材料、特种化学品、生命科学产品等）成为行业方向，产业集群化、区域经济一体化成为行业发展趋势。此外，中国天然气产量快速增长，产量增速持续高于原油产量增速，到2021年产量达到2092.13亿立方米，同比增长8.1%，反映出国内石油天然气产业处于重碳石油资源向低碳天然气资源转型调整的高质量发展阶段。随着中国"碳达峰"和"碳中和"目标的提出，天然气能源市场还将迎来新的更大的发展机遇。

"十四五"时期，新能源、新材料、新一代信息技术、生物技术、高端装备、新能源汽车、绿色环保以及航空航天、海洋装备等战略性新兴产业进一步加快增长，将有力拉动石油化工行业发展。此外，据世界经济论坛估计，到2025年数字化可为石油和天然气等行业创造约1.6万亿美元的价值。我国已建成全球最大的光纤网络，覆盖所有城市、乡镇及98%以上的行政村，4G基站规模占全球一半以上，5G 商用全球领先。利用强大的网络和数据基础设施，大力建设行业数据平台、智慧园区、智能工厂，加快推动数字化转型，提高行业竞争力，是应该抓住并且可以大有作为的新机遇。

5. 内需潜力进一步释放，外需市场持续增长

我国脱贫攻坚已全面完成，近 1 亿农村贫困人口全部脱贫，新型城镇化步伐加快，城乡基础设施、交通、能源、网络信息、社会民生、生态环保等投资持续增长，将有力拉动石化清洁产品的消费需求。此外，东盟连续两年成为中国第一大贸易伙伴，中国连续两年成为欧盟第一大贸易伙伴。RCEP 正式生效，能源化工产品的进口关税基准税率大幅降低，在投资、服务、货物贸易、人员流动和货物通关等方面为区域内交流合作提供了保障。

（二）我国石化行业绿色发展挑战分析

石化产业是国民经济的重要支柱产业，产业关联度高、产品覆盖面广，对稳定经济增长、改善人民生活、保障国防安全具有重要作用。当前，在分析中国石化行业发展现状和发展机遇的同时，我们还应当辩证地看到"危"与"机"并存。石化行业在 2022 年同样面临着新的形势和挑战。

1. 疫情冲击下如何实现行业发展和双碳目标的有机均衡

奥密克戎病毒在全球的大规模传播，不仅阻碍了发达经济体的经济复苏，对疫苗严重缺乏的欠发达经济体影响更加严重。因此，2022年1月国际货币基金组织表示，因奥密克戎变异毒株的迅速传播，给经济活动造成冲击，世界经济的前景乌云密布；世界银行1月警告称，由于新冠疫情的冲击持续影响经济增长，全球经济面临"严峻前景"，全球经济增速恐放缓；世卫组织也表达了担忧，疫情是影响全球经济继续复苏的最大不确定性。

2020年9月22日，在第75届联合国大会期间，中国提出二氧化碳排放力争于2030年前达到峰值，努力争取2060年前实现碳中和的目标。在"双碳"目标约束下，中国石化行业面临着低碳转型的迫切要求。而疫情冲击导致市场消费不畅，需求下滑，需求结构产生大幅变化，石化产业发展动能不足，行业效益承受较大压力。2021年上半年，石化行业营收下降11.6%，效益下降58.8%，无论是营收还是效益都出现大幅度下滑。此外，因为疫情带来的巨大不确定性，供应链和产业链面临重构，投资动能减弱，供应链转移，资金链紧张或断裂，人和物的流动、商品物流受阻，人员管控、边境管控导致不少投资项目被迫中止或延缓，一些中小化工企业陆续倒闭。如何实现石化行业经济发展和低碳转型成为当前面临的重要挑战。

2. 绿色壁垒的提高降低了我国石化产品的国际竞争力

当前，全球石化产业进入深刻调整期，发达国家不断提高绿色壁垒，逐步限制高排放、高环境风险产品的生产与使用，对我国石化产业参与国际竞争提出了更大挑战。欧洲议会投票通过了"碳边界调整机制（CBAM）"议案，计划自2023年起，对应对气候变化行动不力国家的某些产品征收关税，且明确该机制将覆盖炼油、化工高耗能产业。CBAM实施后，若参照欧盟行业先进技术标准，我国石化行业产品将不得不通过额外缴纳碳关税才能进入欧盟市场，因此将面临出口成本增加、价格优势削减的风险。为了打破发达国家的绿色壁垒，我国石油石化行业必须向低碳、绿色石油石化转型。面对新情况、新形势，国内石化产业迫切需要加强科学规划、政策引领，形成绿色发展方式，提升绿色发展水平，推动产业发展和生态环境保护协同共进。

3. 经济下行压力加大弱化了我国石化行业绿色转型的经济基础

无论是世界经济，还是中国经济，都面临着下行压力加大的挑战。受疫情影响、供应链不畅以及美国等一些国家因通胀而紧缩政策的影响，1月国际货币基金组织下调了全球经济增长的预期，预计今年全球经济将增长4.4%，低于上年度的5.9%，比之前的预测下调了0.5个百分点；世界银行预测今年全球经济增速将从2021年的5.5%下降到4.1%。中国经济下行压力也在加大，2021年全年增速

8.1%，在世界主要经济体中最高，但增速前高后低明显，增速逐季下行。2022年1月，国际货币基金组织将我国今年经济增速的预测值下调了0.8个百分点至4.8%。世界银行预测我国今年经济增速为5.1%，低于去年的8.1%。石化产业经济运行的下行压力明显，去年营业收入增长30%，利润总额增长126.8%，这样的高增速主要得益于原油及主要化学品价格的大幅增长，但在这样高的基数下，保增长的压力很大。

4. 原材料价格上涨导致石化产品绿色发展成本提升

2021年，大宗原材料和主要石化产品的价格不仅上涨幅度大，而且一再刷新市场认知。布伦特油价1月每桶50.23美元，一路走高到11月的每桶83.71美元，12月回调到每桶80.79美元，全年均价同比增幅69.4%；46种重点监测的无机化学品中全年均价同比上涨的有39种，占比高达84.8%；87种重点监测的有机化学品中全年同比上涨的有80种，占比更是高达92%。9—10月，很多产品处于价格高峰，很多下游企业尤其是中小企业难以承受，只能采取停产检修等措施来规避。2022年，无论是大宗基础原料还是主要石化产品价格的上涨幅度，预计不会如此之大。从供求关系和地缘政治局势判断，原油价格基本与上年持平或略高，布伦特均价在每桶75美元左右。主要石化产品的价格将略低于上年。

5. 石化行业绿色发展导致供应链安全保障能力不足

因为石化和化工生产过程一般都需要高温高压，且石化化工产品大多都易燃易爆、有毒有害，所以生产过程的连续稳定、产品链供应链的安全稳定十分重要。而对我国石化产业链的供应问题，还有一份担忧：从 2021 年 9 月下旬开始，有的地方为遏制高耗能行业能耗过快增长，纷纷加码能耗双控政策，甚至出现了"一刀切"现象，不少园区和企业被限产停产，甚至拉闸限电，这不仅威胁到石化产品供应链的稳定安全，而且直接威胁到石化装置、化工企业和园区的生产安全。

二、我国石化行业绿色发展路径建议

目前，我国石油和化工行业绿色发展的结构性、根源性、趋势性压力总体上尚未根本缓解。我国化工行业规模虽已达世界第一，但仍存在高物耗、高能耗的问题，节能减排任务艰巨。面对更高的环保要求以及化工过程强化的快速发展，依靠技术层面的创新将成为促进化工转型升级绿色发展的重要手段。"十四五"期间国内石化行业将从以下几个方面推进绿色发展：

1. 原料维度：提高可再生能源的原料占比

在石化行业中实现碳中和目标的首要前提是降低原料阶段化石能源的消耗占比。中国现阶段处于"富煤贫油少气"阶段，石化行业产品的生产大多依赖于煤炭和石油，导致石化产品生产的污染程度较高。近年来，中国石化行业在生产原料环节逐渐加大可再生能源的开发和利用，加速实现可再生能源与传统能源共存的局面。从长远来看，石化行业的目标将是实现可再生能源的完全利用。

然而，目前我国能源结构是以高碳的化石能源为主，难以在短时间内降低对化石能源的高度依赖，除了使用风能、太阳能等可再生能源发电外，石化企业必须专注于提高能源系统生产效率。例如，在原料使用阶段，石化生产平台可以引入人工智能和预测分析相结合、机器人维修系统等技术来减少生产阶段的碳排放。此外，除了降低化石能源的依赖外，石化行业应重视可再生能源的发展应用。IDC数据显示，2022年全球可再生能源发电占比将提升到37%，风能和太阳能的贡献尤为突出。为此，石化企业应重视以风能和太阳能来发展清洁能源，以实现"双碳"目标下石化行业的绿色转型升级。

2. 技术维度：加大石化行业领域的技术开发力度

在向强国跨越的进程中，石化行业的主要矛盾仍然是产业结构的矛盾，高端产品供给不足，低端产品供给过剩。造成这种矛盾的主要原因是我国化工行业技术创新能力不足。在实现"双碳"目标的过程中，技术创新是关键手段之一，现有的节能技术并不足以支撑"双碳"目标的实现，石化企业应在未来继续开发碳捕获、利用和储存技术（CCUS）、数字技术和储能技术等。CCUS技术是负碳技术的主要构成部分，包括在采掘、钢铁、石化等工业流程中的碳捕获，以及对大气中二氧化碳的直接捕获，被捕集的二氧化碳还可能在工业生产中被重新利用。

近年来，数字技术在各个领域得到广泛利用。任何减碳降碳领域的技术都需要以数字化技术实现监控和集成耦合。在油气勘探开发方面，大数据和人工智能的相辅相成能够推动油气开发技术攻关，减少采油成本。在生产营运优化方面，可以推动生产阶段数据挖掘，实现各个维度的能耗优化。在安全生产方面，可以结合实时数据，通过大数据和人工智能技术实现危险源检测和风险预测等安全生产控制。在工业基础环境方面，基于5G技术和物联网应用，推动企业构建油气、化工能源设备等的工业物联网。石化行业通过数字技术能够充分整合行业资源，优化生产业务流程，提升企业生产经营效率。此外，规模化储能技术也逐步运用到石化领域。其中，电池储能（BESS）仍然是应用最广泛的技术，该技术为处于偏远地区面临供电难和发电难的油田解决了能源供应问题，极大地降低了勘探开发燃油消耗，为石化企业实现碳中和目标奠定了基础。

3. 能效维度：降低能耗和能源回收的双重运用

能效提升是石化行业进行减碳降碳的重点内容，主要包括降低单位产值的能耗以及对能源的回收利用。中国石化产品的生产大多依赖煤炭和石油等高污染化石能源，为实现"碳中和"目标，石化企业应在减少能耗方面下功夫，大规模加强智能化技术应用，加强能源管理和能耗控制，加强高温和低温设备的保温改造，从而避免能量损耗。要围绕重点行业和重点污染物发展清洁生产技术改造，实施有毒有害原料替代，推广绿色生产工艺，降低污染物排放强度，从源头上消除污染。此外，石化企业也在加强对能源的回收利用，应积极开展废热、余压综合利用，通过智能系统对回收的能源和资源进行综合调度安排，提高经济效益。通过能源替换、回收，节省的天然气和石油、煤、氢气以及化工副产品气体、液体都被利用起来制成工业品再销售，大大地提高了能源综合利用率。

4. 市场维度：开拓国内市场，加强现代石化行业产业集群的培育

构建"双循环"的新格局，立足点必须要放在国内市场上。"双循环"新格局战略的提出，既着眼于当前国际国内经济形势的变化，又着眼于未来长远国际国内经济的稳定发展。石化行业是国民经济的支柱产业，不仅14亿人的衣食住行离不开化工材料和石化产品，我国作为制造业大国，汽车、家电、电子信息、轨道交通以及建筑等都需要大量的化工材料。"十四五"期间，伴随着我国加快推进技术改造和5G商用的重大举措，消费市场升级和消费环境的改善，将会为我国整个石油和化学工业的发展带来重大的发展机遇和市场潜力。

培育现代产业集群是党的十九大作出的战略部署，我国石化行业已形成一批大型石化基地和一批以新材料为主的专业化工园区，依托大型石化基地和化工园区培育现代石化产业集群已具备坚实的

基础和条件。2022年应按照《全国化工园区"十四五"发展规划和2035中长期发展展望》的思路和部署，继续加大绿色化工园区和智慧化工园区的创建与试点示范，强化国家新型工业化示范基地联盟的工作。按照工信部等六部委最新引发的《化工园区建设标准和认定管理办法（试行）》的要求和条件，在20多个省区已开展园区认定的基础上，统一标准，开展全国化工园区的统一认定。根据发改委和工信部《关于做好"十四五"园区循环化改造工作有关事项的通知》，按照"横向耦合、纵向延伸、循环链接"的原则，加大石化基地和化工园区的循环化改造，推动石化基地和化工园区尽快实现产业循环式组合、企业循环式生产，促进项目间、企业间、产业间物料闭路循环、物尽其用，通过合理延伸产业链，切实提高资源产出率。

5. 碳资产维度：运用多重手段实现企业碳资产的有效管理

碳资产管理是石化企业碳中和目标实现的关键支柱。通过运用碳排放监测、碳交易、碳金融等措施实现对石化企业的碳足迹统计分析，达到对碳资产的有效管理。具体来看，首先，石化企业应运用数字技术监测碳足迹，通过在供应链全流程的使用，帮助石化企业准确监测其碳排放情况。碳监测工具必须与审计解决方案相结合，以确定目前企业的碳排放状态以及企业是否有望实现碳中和目标，并进行情景分析以确定碳中和目标实现的最优路径。其次，石化企业应以价格来引导碳排放权资源的优化配置，以市场之手推动降低全社会减排成本，促进对低碳技术和产业的投资。国家参照企业所在行业内相对先进的碳排放水平来确定基准值、设定配额；此后，基准值的设定越来越严，企业所获配额也逐年降低。企业必须通过投资节能技术以避免额外的碳排放成本和惩戒，减排能力强的企业则可将盈余拿到市场进行交易。最后，石化企业应积极发挥碳金融在行业节能减排过程中的重要作用。碳交易具有较强的金融属性，应引入碳期货等金融衍生品交易机制，以更好地发现价格和进行风险管理。推动有效碳定价，更好地完善市场机制，注重应用绿色贷款、绿色股权、绿色债券、绿色保险、绿色基金等金融工具，助推绿色低碳前沿技术的投资布局和产业孵化。将碳排放权转化为合约形态，扩大碳市场的边界和容量，探索利用碳资产拓展融资形式和融资渠道，优化融资成本，实现碳资产价值最大化。

6. 企业维度：加大精细化管理的执行力度

通过大力宣传生态文明理念，促进全员环保意识提升，切实体现环保优先，全面推进清洁生产，实现减排达标，主动承担社会责任，是企业实现绿色发展的基础；强化环保管理体系运行管理，完善制度流程职责，制定领先标准，建立企业内控指标体系，优化控制运行体系，严格控制排放，推行精细管理，确保环境安全是实现绿色发展的有效途径。转变发展方式，推进绿色发展、低碳发展、循环发展，是企业实现产业升级和可持续发展的根本指向。更具体一点，企业应该按照环保升级升位管理要求，把"环保优先，安全第一，质量至上，以人为本"的理念固化到制度中。从企业生存和发展的角度进一步诠释环保优先和企业发展的关系，落实"源头预防，过程管控，稳定达标，生态友好"的环保核心理念，坚持"稳达标，控风险，减量化，再利用"的基本方针，建立制度、标准、流程为核心的管理制度体系并有效执行。此外，建立健全环保内部控制体系，严格制度标准的执行力，提升环境本质安全水平。建立污水处理厂工厂化标准管理体系，按照质量环境和管理体系要求，建立覆盖从源头监控、过程管控、出口达标和回收利用的技术标准体系；强化在线监测标准体系的完善，强化监测监督计划管理，有效监控，有序监督，提升环境监测管理和技术水平。